Asaminew Abiyu
Abel Girma
Mohammed Gedefaw

# O papel da floresta da igreja na redução das emissões de carbono

Asaminew Abiyu
Abel Girma
Mohammed Gedefaw

# O papel da floresta da igreja na redução das emissões de carbono

## Atenuação das alterações climáticas e espaços verdes urbanos: O caso de igrejas selecionadas em Adis Abeba

ScienciaScripts

**Imprint**



Cover image: www.ingimage.com

This book is a translation from the original published under ISBN 978-620-2-06865-9.

Publisher:
Sciencia Scripts
is a trademark of
Dodo Books Indian Ocean Ltd. and OmniScriptum S.R.L publishing group

120 High Road, East Finchley, London, N2 9ED, United Kingdom
Str. Armeneasca 28/1, office 1, Chisinau MD-2012, Republic of Moldova, Europe
Printed at: see last page
**ISBN: 978-620-8-21876-8**

***RESUMO***

*Prevê-se que a aceleração antropogénica das alterações climáticas provoque alterações ambientais significativas. As florestas urbanas reduzem as emissões de gases com efeito de estufa através da captura de carbono. Este estudo foi realizado com o objetivo de mostrar o papel das florestas das igrejas na ecologização urbana, na atenuação das alterações climáticas e no potencial de sequestro de carbono, de modo a melhorar a gestão das florestas como sumidouro de carbono. O estudo foi realizado em dez igrejas selecionadas, localizadas na parte oriental de Adis Abeba. Foi utilizado um procedimento padrão simples, passo a passo, para a estimativa do stock de carbono. Foi utilizado o método de listagem completa para determinar o stock de biomassa das espécies e métodos de amostragem representativos sistémicos para estimar o stock de carbono do solo e da folhada. Com base nos resultados, a distribuição das espécies de Eucalyptus glob ulus registou a maior densidade de árvores e Casimiroa edulis, Dodonaea angustifolia, Euclea di vinorum e Maesa lanceolata registaram a menor densidade de árvores. O stock total de carbono dos locais de estudo foi de 304,6, 330,6, 265,1, 224,7, 240,1, 218,3, 156,6, 170,9, 160,3 e 160,1, t/ha para os dez locais, de um a dez, por ordem ascendente. A altitude e os aspectos foram os dois parâmetros que afectaram as reservas de carbono no solo e na folhada das igrejas estudadas. A reserva de carbono na LC foi mais elevada nas classes de altitude média (22,15 t/ha) e as classes mais baixas contêm uma grande quantidade de SOC (2914,05t/ha). A maior quantidade de carbono é registada no aspeto sul em biomassa de folhada e no aspeto noroeste em SOC. Este estudo conclui que a floresta da igreja tem o potencial de sequestrar uma grande quantidade de dióxido de carbono. Por conseguinte, a floresta tem de ser gerida para as diversidades biológicas encontradas na área e para o sequestro de carbono e cenário de ecologização urbana.*

***Palavras-chave:*** *Sequestro de carbono, Floresta de igreja, Alterações climáticas, Gestão florestal, Floresta urbana,*

## Agradecimentos

Gostaria de agradecer a Deus Todo-Poderoso, que me ajudou em tudo ao longo da minha vida.

Gostaria de expressar a minha sincera gratidão aos meus orientadores, Dr. Teshome Soromessa e Dr. Satishkumar Belliethathan, pelo seu apoio contínuo ao meu estudo e investigação de mestrado, pela sua paciência, motivação, entusiasmo e imenso conhecimento. A sua orientação ajudou-me durante todo o tempo de investigação e redação desta tese.

É com grande prazer que registo o meu profundo sentimento de gratidão para com a Dra. Mekuria Argaw, o Prof. Tsegaye, H. Nega e o Dr. Tesfaye Bekele, pelo afeto que me demonstraram e pela sua ajuda constante ao longo da minha carreira e apoio final.

Gostaria também de manifestar o meu apreço ao pessoal do Centro de Ciências Ambientais pela sua ajuda sem reservas, direta ou indiretamente, durante a minha estadia na Universidade de Adis Abeba.

Agradeço também a alguns dos meus colegas estudantes de mestrado: Abel Girma, Muhamed Gedefaw, Meseret Habtamu e todos os meus colegas de turma por terem tornado o programa de mestrado mais interessante. Agradeço também aos meus amigos do Wendo Genet College of Forestry and Natural Resource Management: Daneil Fekede e Ashenafi Berhanu. Em particular, estou grato a Tulu Tola, Mesfen Sahel, Fekadu Legese, Getu Sheferaw e Aduna Fayissa por terem esclarecido a primeira vista da tese.

Por último, mas não menos importante, gostaria de agradecer à minha família: os meus pais Abiyu Cherinet e Asabeche Begashaw, os meus irmãos e irmãs:

Finalmente, agradeço ao meu amigo por me ter incutido confiança e vontade de prosseguir o meu mestrado. E àquele que fez com que as muitas horas passadas na minha investigação parecessem valer a pena, o Dr. Selamawit Tariku.

Em geral, agradeço a todos os meus amigos, que não menciono aqui, o seu apoio e carinho.

**Conteúdo**

**Lista de abreviaturas**

| | |
|---|---|
| **AAEPA** | Addis Ababa Environmental Protection Authority |
| **AGB** | Above-ground biomass |
| **BD** | Bulk Density |
| **BGB** | Below-ground biomass |
| **CV** | Coefficient of variance |
| **DBH** | Diameter at breast height |
| **DOM** | Dead Organic Matter |
| **EF** | Expansion Factor |
| **EOTC** | Ethiopian Orthodox Tewahido Church |
| **EPA** | Environmental Protection Authority |
| **FFE** | Forum for Environment |
| **GHGs** | Green House Gasses |
| **GPS** | Global Positioning System |
| **GT** | Giga Tone |
| **IFRI** | International Forestry research and institution |
| **IPCC** | Intergovernmental Panel for Climate Change |
| **LB** | Litter Biomass |
| **LC** | Litter Carbon |
| **REDD** | Reduced Emission from Deforestation and Degradation |
| **SOC** | Soil organic Carbon |
| **SOM** | Soil Organic Matter |
| **SPSS** | Statistical Package for Social Science |
| **UN** | United Nation |
| **UNFCCC** | United Nations Framework Convention on Climate Change |

# CAPÍTULO 1

# Introdução

## 1.1 Antecedentes

As alterações climáticas globais são uma preocupação generalizada e crescente que tem conduzido a amplos debates e negociações internacionais. As respostas a esta preocupação têm-se centrado na redução das emissões de gases com efeito de estufa, especialmente o dióxido de carbono, e na medição do carbono absorvido e armazenado nas florestas, solos e oceanos. Uma opção para abrandar o aumento das concentrações de gases com efeito de estufa na atmosfera e, por conseguinte, as possíveis alterações climáticas, é aumentar a quantidade de carbono removido e armazenado nas florestas.

A preocupação com o aquecimento global resultou na investigação de métodos inovadores que podem ser utilizados para melhorar o efeito dos gases com efeito de estufa (IPCC, 2000; Penman *et al.*, 2003, IPCC, 2007). Os métodos de captura de dióxido de carbono são um dos principais objectivos globais (IPCC, 2007). O sequestro de carbono é o processo ou mecanismo de captura e armazenamento seguro de dióxido de carbono (gás com efeito de estufa) da atmosfera (IPCC, 2000). Estão a ser investigadas várias técnicas para sequestrar o carbono da atmosfera. Estas incluem o sequestro oceânico, em que o carbono é armazenado nos oceanos através de injeção direta ou fertilização, o sequestro geológico, em que os espaços naturais dos poros nas formações geológicas servem de reservatórios para o armazenamento de dióxido de carbono a longo prazo, e o sequestro terrestre, em que uma grande quantidade de carbono é armazenada no solo e na vegetação (IPCC, 2000).

O Protocolo de Quioto reconheceu a importância das florestas na atenuação das emissões de gases com efeito de estufa (ou seja, dióxido de carbono, metano e outros). As florestas e os solos são potenciais sumidouros de emissões elevadas de CO2 e estão a ser considerados na lista de compensações aceitáveis (UNFCCC, 1997). O desenvolvimento sustentável das florestas e a expansão das paisagens florestais é uma das principais abordagens para reduzir a concentração de carbono na atmosfera. Trata-se de uma forma segura, ambientalmente aceitável e económica de capturar e armazenar quantidades substanciais de carbono atmosférico. O desenvolvimento simultâneo de créditos de carbono transaccionáveis proporciona incentivos financeiros para ter em conta o armazenamento de carbono nas decisões de gestão florestal (Siry *et al.*, 2006).

Um dos principais problemas enfrentados pela sociedade humana é o facto de se acreditar que a temperatura global está a aumentar devido à atividade humana, ou seja, o aquecimento global. O principal culpado é a queima de combustíveis fósseis, que está a libertar quantidades crescentes de dióxido de carbono na atmosfera. O dióxido de carbono é o principal gás com efeito de estufa que se crê estar a precipitar o aquecimento global. As libertações de carbono resultantes da alteração da utilização dos solos podem também contribuir para o aumento do carbono atmosférico, por exemplo, as libertações de carbono associadas à conversão de terras florestais em terras agrícolas. No entanto, considera-se geralmente que as alterações do uso do solo são uma fonte secundária de carbono líquido libertado para a atmosfera (Bolin *et al.*, 1996). Os dados indicam que as florestas estão a expandir-se nas regiões temperadas do mundo, ao passo que estão a diminuir em grande parte das regiões tropicais. Existem várias formas de resolver o problema do aumento do carbono atmosférico. Uma delas é a silvicultura e a gestão florestal.

Estima-se que, nos últimos 10 000 anos, 20 a 40% da biomassa dos ecossistemas se tenha perdido em resultado das intervenções humanas. Isto sugere que o limite superior do potencial de sequestro é da ordem dos 600-1 200 biliões de toneladas (Gts) de carbono (Watson *et al.*, 2000). Embora esta seja uma estimativa exagerada do potencial de sequestro viável, sugere que existe um potencial de sequestro substancial utilizando a silvicultura. 20% das emissões globais de GEE provêm da desflorestação (IPCC, 2007).

O sequestro de carbono da atmosfera pode ser vantajoso tanto do ponto de vista ambiental como socioeconómico. Existem provas de apoio de vários estudos efectuados na Etiópia e noutros países. A perspetiva ambiental inclui a remoção de CO2 da atmosfera (Yitebitu Moges *et al.*, 2010), a melhoria da qualidade do solo (Zewdu Eshetu, 2000) e o aumento da biodiversidade (Batjes e Sombroek, 1997); enquanto os benefícios socioeconómicos incluem o aumento dos rendimentos (Sombroek *et al,* 1993), rendimentos monetários provenientes de potenciais esquemas de comércio de carbono (McDowell, 2002), normalização de secas através do seu potencial para criar condensação atmosférica, fazendo a sementeira de nuvens, bem como a redução dos riscos de inundação e o aumento da recarga de águas subterrâneas através do aumento da infiltração de água através das colunas de solo.

Os primeiros estudos determinaram que o volume potencial de carbono que poderia ser armazenado em ecossistemas florestais expandidos era substancial em relação ao volume líquido de carbono libertado para a atmosfera (Marland, 1988; Sedjo e Solomon, 1989). Estes estudos indicavam que até três Gts de carbono por ano poderiam ser capturados por estas operações florestais em grande escala.

As potencialidades da silvicultura são intrigantes. Embora o sequestro através da silvicultura tenha limitações, é geralmente aceite que grandes quantidades de carbono podem ser sequestradas utilizando a tecnologia existente (IPCC, 2001). Além disso, estas actividades podem ser realizadas nas próximas décadas. Embora não seja a resposta absoluta para o problema do carbono, o sequestro de carbono através da silvicultura tem o potencial de estabilizar, ou pelo menos contribuir para a estabilização, do carbono atmosférico a curto prazo (20-50 anos), dando assim tempo para o desenvolvimento de uma solução tecnológica mais fundamental sob a forma de fontes de energia com emissões reduzidas de carbono. Existe uma convicção generalizada de que as florestas podem ser utilizadas para reduzir os custos do abrandamento das alterações climáticas. Embora o papel das florestas no ciclo global do carbono seja reconhecido há muito tempo, os debates recentes no contexto da Convenção-Quadro das Nações Unidas sobre as Alterações Climáticas, bem como os esforços para redigir legislação sobre as alterações climáticas nos Estados Unidos, têm dado ênfase ao papel que as florestas podem desempenhar. Os esforços políticos mais recentes centraram-se em acções a curto prazo para reduzir a desflorestação nos países tropicais.

As florestas desempenham um papel significativo na atenuação das alterações climáticas, sequestrando e armazenando mais carbono da atmosfera do que qualquer outro ecossistema terrestre (Tulu Tola, 2011). A floresta também é importante para a conservação da biodiversidade, que é um importante armazém de material genético e ajuda no sequestro de carbono (FFE, 2011).

A urbanização, especialmente nos países em desenvolvimento, é frequentemente acompanhada pela deterioração do ambiente urbano. Esta situação conduz à deterioração da saúde humana, a perdas económicas e outras perdas de bem-estar e a danos no ecossistema urbano. Em relação a estas actividades, os diferentes problemas ambientais ocorridos, como a poluição do ar e da água, a gestão inadequada dos resíduos e a redução das zonas verdes, são frequentemente os principais. A conversão de espaços verdes abertos em desenvolvimento urbano reduz as áreas permeáveis à água, perturba os padrões naturais de drenagem e provoca graves inundações (Kuchelmeister, 2000).

Por esta razão, a silvicultura urbana recebe mais atenção na Etiópia, bem como noutros países em desenvolvimento (Kuchelmeister e Braatz, 1993, Carter, 1995). A Etiópia tem uma das maiores taxas de urbanização do mundo (cerca de 4-5%) e prevê-se que a sua população urbana aumente de 15% em 2000 para quase 30% em 2030 (UN Population Division, 2004). A população de Adis Abeba, a capital da Etiópia, está a crescer exponencialmente e atingirá mais de 4 milhões em 2015. A expansão urbana está a exigir o seu tributo às florestas urbanas e aos espaços verdes que proporcionam uma vasta gama de benefícios aos habitantes das cidades. As florestas urbanas melhoram a qualidade de vida urbana de várias formas, proporcionando benefícios tangíveis (alimentos, energia, madeira, forragens) e sociais (saúde, emprego) para satisfazer as necessidades locais, bem como importantes serviços ambientais. Além disso, a silvicultura urbana é particularmente importante para as populações urbanas pobres (Kuchelmeister, 2000), uma vez que estas suportam geralmente o maior fardo dos riscos ambientais urbanos.

O plano diretor revisto de Adis Abeba (Governo da cidade de Adis Abeba, 2002) estabelece metas políticas ambiciosas para o sector verde em geral e para o sector florestal em particular. Cerca de 22 000 ha, ou 41% da área total de Adis Abeba, estão reservados para o quadro verde, dos quais mais de metade (cerca de 12 500 ha) estão previstos para a silvicultura. Por outras palavras, a atual área florestal tem de ser aumentada em 58%, enquanto as florestas existentes têm de ser submetidas a regimes de gestão florestal sustentável. Isto implicará uma silvicultura de utilização múltipla e, especialmente em locais propensos à erosão nas bacias hidrográficas superiores, a transformação em florestas indígenas adaptadas ao local. Além disso, o Plano Diretor de Adis Abeba revisto exige a eliminação progressiva da produção de lenha em Entoto Hills e a restauração das florestas indígenas. O objetivo deste documento é, por conseguinte, mostrar o total de carbono armazenado nas florestas da igreja em Adis Abeba e estimar o potencial de sequestro de carbono. O estudo também revelou investigar o papel da Igreja Ortodoxa Tewahedo da Etiópia na ecologização urbana e na atenuação das alterações climáticas urbanas, juntamente com factores ambientais, avaliando o potencial de sequestro de carbono e a conservação da biodiversidade da floresta na área de estudo.

## 1.2. Declaração do problema

Tendo em conta os potenciais impactos do aumento das concentrações atmosféricas de CO2 no clima global (IPCC 2001) e os compromissos assumidos pelos governos no que respeita às iniciativas em matéria de alterações climáticas através da Convenção-Quadro das Nações Unidas sobre as Alterações Climáticas, existe uma procura crescente de que os países avaliem as suas contribuições para as fontes e sumidouros de CO2 e avaliem os processos que controlam a acumulação de CO2 na atmosfera. O desenvolvimento de técnicas de medição das existências e dos fluxos de carbono nos ecossistemas terrestres é imperativo para essas avaliações. Os ecossistemas florestais têm sido um foco particular da investigação sobre a contabilização do carbono porque representam a maior reserva de carbono dos ecossistemas terrestres (Saugier, Roy & Mooney, 2001).

As florestas desempenham um papel significativo no ciclo global do carbono através da troca dinâmica de CO2 com a atmosfera. A gestão dessas reservas de carbono florestal terrestre pode constituir uma componente significativa das estratégias nacionais de redução das alterações climáticas (Read *et al.*, 2009, Anon, 2010). Por conseguinte, as reservas de carbono terrestres e as suas taxas de acumulação são de interesse científico, económico e político (por exemplo, Watson *et al.*, 2000,

Pacala *et al.*, 2001). No entanto, os valores das trocas (fluxos) de carbono no solo e as alterações nos reservatórios e reservas são mal conhecidos e precisam de ser quantificados no contexto dos requisitos do Protocolo de Quioto (artigo 6.º: UNFCCC, 1997) e de interesses científicos mais vastos (por exemplo, IPCC, 1999). O sequestro de carbono pelas florestas em crescimento tem-se revelado uma opção rentável para a atenuação das alterações climáticas globais (Andrasko, 1990, Brown *et al.*, 1996).

Em termos de redução do carbono atmosférico, as árvores nas zonas urbanas oferecem benefícios duplos. O armazenamento direto de carbono e a prevenção da produção de carbono a partir de combustíveis fósseis foram efectuados para analisar a quantidade de carbono urbano armazenado pelas florestas urbanas e o efeito da conservação de energia na quantidade de carbono libertado para a atmosfera (Nowak, 1993). No entanto, o potencial das florestas sagradas e das florestas urbanas para a atenuação e adaptação às alterações climáticas não está bem estudado na Etiópia. Além disso, a UN-REDD trabalha com nove países membros em África, na Ásia e na América Latina, mas exclui a Etiópia do programa devido à falta de informação científica adequada nesta área. Assim, é extremamente importante considerar os bosques sagrados e o conhecimento indígena como parte interessada fundamental do Programa Nacional de Adaptação e Mitigação das Alterações Climáticas e da atração de fundos de comércio de carbono.

No entanto, a Etiópia carece de dados de inventário periódico das florestas e das reservas de carbono, o que faz com que o país não consiga desenvolver um planeamento sustentável da gestão florestal que atraia as finanças climáticas através do reforço dos serviços ambientais das florestas para efeitos de financiamento do desenvolvimento florestal através do financiamento do carbono florestal. A avaliação das existências de carbono em florestas como a floresta da igreja urbana ajuda a gerir as florestas de forma sustentável do ponto de vista ecológico, económico e ambiental para o bem-estar da sociedade humana, para além do seu valor estético, espiritual e recreativo. Além disso, foram efectuados poucos estudos na floresta da igreja com o objetivo de avaliar o potencial de sequestro de carbono da floresta da igreja. Por conseguinte, este estudo foi concebido para estimar o stock de carbono disponível na plantação da floresta da igreja utilizando uma abordagem integrada de diferentes técnicas, acompanhada de um levantamento no terreno da medição do povoamento florestal e da quantificação do stock de carbono nos solos e nas camadas de folhada, que são os reservatórios potenciais conhecidos de carbono orgânico.

## 1.3 Objectivos do estudo

### 1.3.1. Objetivo geral

O objetivo geral deste estudo é avaliar o papel das florestas das igrejas selecionadas na redução das emissões de carbono, na atenuação das alterações climáticas e na preservação das florestas urbanas através da avaliação do stock de carbono, de modo a melhorar a gestão das florestas como sumidouros de carbono.

### 1.3.2. Objectivos específicos

*Avaliar o estado geral da floresta das igrejas selecionadas em Addis Abeba

-Estimar o carbono sequestrado na biomassa acima e abaixo do solo,

-Estimar o carbono sequestrado no solo e na folhada

-Recomendar uma solução de gestão.

## 1.3. Importância do estudo

A importância deste estudo centra-se na estimativa do stock de carbono florestal ao longo do gradiente altitudinal na floresta da igreja da cidade de Adis Abeba: implicações para a gestão da floresta da igreja com vista à redução das emissões de carbono e à atenuação das alterações climáticas. Uma vez que a E.O.T.C. na Etiópia tem a biodiversidade preservada, foram efectuados poucos estudos sobre este assunto; a E.O.T.C. tem protegido consideravelmente a floresta da Etiópia (Alemayehu Wassie, 2002 e Zewde Teklehamanotet *et al.,* 2004). Oportunidades, constantes e perspectivas das igrejas Ortodoxas Tewahedo da Etiópia na conservação dos recursos florestais: as igrejas no sul nem Gonder, no norte da Etiópia (Alemayehu Wassie, 2003) e Estimativa do stock de carbono na floresta da igreja: implicações para a gestão da floresta da igreja para a redução das emissões de carbono (Tulu Tolla, 2011) são as teses realizadas pelos investigadores correspondentes.

Esta tese estuda as igrejas orientais entre as quatro direcções de Adis Abeba. Inclui a cobertura da área florestal das igrejas, os gradientes de altitude, o ano de estabelecimento e a disponibilidade de condições florestais. Além disso, a investigação indica a necessidade de um estudo mais aprofundado das restantes igrejas com a sua direção de localização e salienta o grande papel desempenhado pela E.O.T.C. na redução das emissões de carbono, na mitigação das alterações climáticas e na preservação da floresta urbana. Os benefícios do sequestro de carbono da floresta podem ser considerados mais importantes a nível global do que a nível nacional, regional ou local (Sharma, 2000). Por conseguinte, este estudo também fornece informações de base sobre o potencial de sequestro de carbono da floresta da igreja, a fim de a gerir. Os decisores políticos podem obter um contributo para a formulação de políticas. Além disso, este estudo pode ser utilizado como base para outras investigações, a fim de enriquecer os resultados da investigação neste domínio.

## 1.4. Limitações do estudo

Foram encontradas algumas limitações durante a investigação. Entre elas, a indisponibilidade de equipamento necessário, material e recursos suficientes são as principais. Além disso, a informação inadequada sobre a igreja incluída na área de estudo, a falta de vontade dos organismos responsáveis da igreja em alguns casos, o não reconhecimento das espécies existentes pelo especialista, etc. Devido às razões acima mencionadas, o estudo utilizou amostras representativas em vez do método de transecto.

## 1.5. Organização da tese

Esta tese é composta por cinco capítulos. O primeiro capítulo serviu de introdução geral à investigação. Define o problema de investigação e delineia os objectivos, a importância e as limitações da investigação e a organização da tese. O capítulo dois trata de uma revisão da literatura sobre os conceitos de potenciais literaturas relacionadas com o sequestro de carbono. A metodologia de investigação, ou seja, o processo de amostragem, o método de investigação, os métodos de recolha e análise de dados são abordados no capítulo três. O capítulo quatro abrange a análise e a discussão dos resultados do estudo. Por último, o capítulo cinco trata das conclusões e recomendações.

# CAPÍTULO 2

## Revisão da literatura

### 2.1. Definição de silvicultura urbana

A silvicultura urbana é definida como a abordagem planeada, integrada e sistemática da gestão das florestas urbanas e periurbanas, tendo em vista a sua contribuição para o bem-estar económico, ambiental, sociológico e psicológico da sociedade urbana. Em termos mais simples, a silvicultura urbana é a gestão das árvores urbanas para satisfazer as necessidades da população local (Kuchelmeister, 1997). Atualmente, a silvicultura urbana recebe mais atenção, especialmente na Etiópia, bem como noutros países em desenvolvimento (Carter, 1995; Kuchelmeister e Braatz, 1993). A Etiópia tem uma das maiores taxas de urbanização (cerca de 4-5%) do mundo, e espera-se que a sua população urbana aumente de 15% em 2000 para quase 30% em 2030 (UN Population Division, 2004).

A ecologização urbana melhora a qualidade da vida urbana de várias formas, proporcionando benefícios tangíveis (alimentos, energia, madeira, forragens) e sociais (saúde, emprego) para satisfazer as necessidades locais, bem como importantes serviços ambientais. A ecologização urbana é particularmente importante para as populações urbanas pobres (Kuchelmeister, 2000), uma vez que estas suportam geralmente o maior fardo dos riscos ambientais urbanos. Reconhecendo a importância das florestas urbanas, muitos municípios, juntamente com diversos interessados em todo o mundo, criaram programas de silvicultura urbana. Foram criadas parcerias pioneiras de silvicultura urbana, envolvendo cidadãos empenhados e organizações comunitárias, adoptando grupos vulneráveis como parceiros e clientes, incorporando parcerias público-privadas e/ou parcerias entre cidades, e promovendo responsabilidades descentralizadas.

### 2.2. Benefícios e custos da silvicultura urbana

As utilizações da ecologização urbana nos países em desenvolvimento foram amplamente descritas

(Carter 1995, Kuchelmeister, 1997 e 2000); (Kuchelmeister e Braatz, 1993; Park, 2000). As florestas urbanas são importantes porque fornecem benefícios tangíveis (alimentos, lenha, madeira, forragem), bem como serviços ambientais e benefícios sociais (Kuchelmeister, 2000). Na Etiópia, os combustíveis de biomassa (lenha, carvão vegetal, ramos, folhas e galhos, resíduos agrícolas e estrume de vaca) representam 94% do consumo nacional de energia. Do consumo total de energia de biomassa, cerca de 86% provêm da biomassa lenhosa. 93% da biomassa lenhosa é utilizada para satisfazer as necessidades energéticas dos agregados familiares para cozinhar e aquecer, especialmente em Addis Abeba. Os combustíveis de biomassa continuam a ser a fonte de combustível mais importante para a população urbana, apesar do atual acesso mais fácil a fontes de energia modernas. Foi também demonstrado que o consumo doméstico urbano representa quase 70% do consumo de carvão vegetal na Etiópia (ESD, 2003). A floresta urbana refere-se às árvores da cidade. Difere das florestas do interior em vários aspectos. Em primeiro lugar, as florestas urbanas têm uma estrutura diversificada. Podem ser encontradas em povoamentos, como num parque, dispostas em linhas ao longo das ruas, ou como árvores isoladas, e estar próximas de infra-estruturas e/ou pessoas. Podem ser remanescentes de florestas nativas ou ser cultivadas deliberadamente. As árvores urbanas variam em termos de composição, diversidade, idade, estado de saúde e padrões de propriedade. Além disso, as árvores estão também ligadas a actividades antropogénicas e ao desenvolvimento de infra-estruturas (Dwyer e Nowak, 2000). Têm também uma propriedade dinâmica particular, devido ao acoplamento dos processos de desenvolvimento natural e dos processos humanos que influenciam o seu desenvolvimento, ambos funcionando a ritmos variados (Nowak, 1993). Por último, as florestas urbanas são valorizadas do ponto de vista ambiental, social e económico. Alguns exemplos de valores nestas categorias são identificados no Quadro 1.

| Category | Value | Sources |
|---|---|---|
| Environmental | -Air pollution removal<br>-Urban hydrology regulation<br>-Urban micro-climate regulation | -(Nowak *et al.*, 2006)<br>-(Xiao *et al.*,2000)<br>-(Heidt & Neef, 2008) |
| Social | -Positive psychological effects<br>-Aesthetic quality<br>-Emotional and spiritual benefits | -(Ulrich, 1984),<br>-(Smardon, 1988)<br>-(Chiesura, 2004) |
| Economical | -Increased real-estate prices<br>-Improves environmental services | -(Tyrväinen & Miettinen, 2000)<br>-(Nowak *et al.*, 2001)<br>-(McPherson *et al.*,1999) |

**Tabela: 2.1.** Alguns valores da floresta urbana

O leque de valores associados à floresta urbana demonstra a importância crucial da sua sustentabilidade na vida quotidiana das cidades e a necessidade de desenvolver um quadro disciplinado e abrangente para a sua gestão.

## 2.3 A resposta da floresta urbana às alterações climáticas

### 2.3.1 Mitigação das alterações climáticas

A mitigação das alterações climáticas descreve a redução das emissões de gases com efeito de estufa. As respostas da silvicultura urbana consistem em reduzir as emissões de GEE através da captura de carbono do ar e da redução do consumo de energia. A gestão sustentável das florestas urbanas pode aumentar as emissões de carbono

através do aumento da cobertura do dossel urbano. As árvores maiores e mais jovens capturam mais carbono, e a floresta urbana pode ser optimizada para seguir essa estrutura de crescimento e idade. Além disso, a captura de carbono pode ser aumentada através da seleção de espécies. O desenvolvimento de uma matriz de seleção de espécies de carbono é crucial para esta abordagem (Nowak *et* aZ., 2002). A disposição das árvores em relação aos edifícios também pode ser optimizada para contribuir para a eficiência energética.

A disposição ou plantação de árvores urbanas em relação às infra-estruturas também pode ser optimizada. O estudo de modelação das alterações climáticas demonstrou que a proximidade da vegetação às infra-estruturas da cidade, que ajudam a regular o microclima urbano, é um elemento crucial para atenuar os efeitos de um aumento da temperatura no domínio urbano (Gill *et al.,* 2007).

### 2.3.2. Alterações climáticas globais

As temperaturas globais têm aumentado desde os últimos 400 000 anos (US EPA, 2007b). No entanto, a Terra está atualmente mais quente do que esteve no passado recente. O Painel Intergovernamental sobre as Alterações Climáticas (IPCC) concluiu que "onze dos últimos doze anos (1995-2006) estão entre os 12 anos mais quentes no registo instrumental da temperatura da superfície global (desde 1850)" (Solomon *et al.,* 2007, 5).

## 2.4 Gases com efeito de estufa e o efeito de estufa

O processo que altera o "efeito de estufa" natural da Terra começa quando os gases com efeito de estufa na "atmosfera permitem que a radiação de comprimento de onda curto do Sol passe para a superfície da Terra. Uma vez que a radiação é absorvida pela Terra e redireccionada para ela, a radiação de comprimento de onda mais longo, os GEE retêm o calor na atmosfera" (Leggett, 2007).

Os diferentes gases com efeito de estufa afectados pelas actividades antropogénicas incluem o dióxido de carbono (CO2), o metano (CH4), o óxido nitroso (N2O) e certos compostos fluorados - clorofluorocarbonos (CFC), hidroclorofluorocarbonos (HCFC), hidrofluorocarbonos (HFC), perclorofluorocarbonos (PFC) e hexafluoreto de enxofre (SFe). Mas outros GEE não diretamente afectados pelas actividades humanas incluem o vapor de água (o gás com efeito de estufa mais abundante), o monóxido de carbono (CO), os óxidos de azoto (NOx), os compostos orgânicos voláteis sem metano (COVNM, ou simplesmente COV) e as partículas ou aerossóis. O NOx, os COV e o

CH4 contribuem para a formação de outro gás com efeito de estufa, o ozono (smog), na troposfera. A maioria dos GEE está geralmente bem misturada no globo e tem efeitos de aquecimento global. Os GEE também têm diferentes ciclos globais. Inclui reservatórios de carbono geológicos, biológicos e atmosféricos e o ciclo que ocorre entre eles (Harmon, 2006). As actividades humanas libertam carbono na forma de dióxido de carbono para a atmosfera de diferentes formas. As libertações destes gases para a atmosfera alteram os reservatórios de carbono; a mais importante destas alterações é a transferência de carbono do seu reservatório geológico para o seu reservatório atmosférico. As florestas desempenham um papel importante no ciclo do carbono devido à fotossíntese. A fotossíntese é o processo básico pelo qual as plantas capturam o dióxido de carbono da atmosfera e o transformam em açúcares, fibras vegetais e outros materiais.

## 2.5. Efeitos potenciais das alterações climáticas nas florestas

As alterações climáticas afectam o potencial produtivo das florestas. Juntamente com os solos, o aspeto, a inclinação e a elevação, o clima determina o que crescerá onde e quão bem. As mudanças nos regimes de temperatura e precipitação têm, portanto, o potencial de afetar dramaticamente as florestas em todo o país. O clima também é moldado pelas florestas. Os povoamentos florestais funcionam como quebra-ventos e as copas das florestas influenciam as interações entre o solo, a água e a temperatura. As florestas podem atuar como um sumidouro de carbono, ajudando a compensar as emissões de gases com efeito de estufa; em 2003, as florestas dos EUA sequestraram mais de 750 milhões de toneladas de CO2 equivalente (US EPA, 2005).

O papel do clima como fator determinante da função dos ecossistemas está bem estabelecido (Stensethe/ *al.*, 2002). As alterações climáticas afectarão as florestas de várias formas, desde os efeitos diretos da temperatura, da precipitação e do aumento das concentrações atmosféricas de dióxido de carbono no crescimento das árvores e na utilização da água, até à alteração dos regimes de incêndios e às mudanças na amplitude e gravidade dos surtos de pragas. As alterações climáticas têm o potencial de transformar sistemas florestais inteiros, alterando a distribuição e a composição das florestas.

O relatório de revisão de 2006 da Stem (Stem, 2007) concluiu que era efetivamente necessário tomar medidas urgentes para reduzir as emissões de gases com efeito de estufa (GEE) e atenuar os seus efeitos, bem como para nos adaptarmos às realidades das alterações ambientais actuais e futuras, tal como previsto pelo Painel Intergovernamental sobre as Alterações Climáticas (IPCC).

A gestão das florestas deve ser um elemento importante de qualquer acordo internacional sobre as alterações climáticas. Os fluxos de carbono florestal representam uma parte significativa das emissões globais de gases com efeito de estufa. Embora as florestas globais no seu conjunto possam ser um sumidouro líquido (Nabours e Masera, 2007), as emissões globais provenientes da desflorestação contribuem com 20 a 25 por cento de todas as emissões de gases com efeito de estufa (Sedjo e Sohngen, 2007; Skutsch *et. al.,* 2007). A quantidade de carbono global acumulada na vegetação florestal foi estimada em 359 GtC (gigatoneladas de carbono), em comparação com as emissões globais anuais de carbono provenientes de fontes industriais de aproximadamente 6,3 GtC (IPCC, 2000). O impacto potencial das florestas na atenuação das alterações climáticas no ciclo global do carbono, tanto das alterações naturais como antropogénicas nas florestas, é enorme.

Um regime internacional eficaz de gestão do carbono florestal deve não só proporcionar aos proprietários de terras e aos governos incentivos para protegerem e aumentarem as reservas de carbono, mas também induzir os países a aderirem ao acordo florestal. Um programa multilateral de carbono florestal imporia também custos de transação relativamente baixos, ao mesmo tempo que encorajaria os decisores a procurar oportunidades de sequestro de baixo custo.

## 2.6. Sequestro de carbono e dióxido de carbono equivalente em produtos florestais urbanos

A função das árvores e florestas, tanto dentro como fora das zonas urbanas, é o sequestro de carbono.

(Nowak e Crane, 2002) estimaram que as árvores urbanas nos EUA contêm cerca de 774 milhões de toneladas de carbono. Uma estimativa fixa a taxa de sequestro das árvores nas zonas urbanas em cerca de 14% da quantidade total de sequestro pelas florestas. Espera-se que a importância do carbono da biomassa das árvores nas áreas urbanas aumente nas próximas décadas, porque se espera que a área urbanizada aumente notavelmente nos EUA (Nowak e Walton, 2005). A investigação sobre produtos florestais tem explicado que a madeira continua a armazenar carbono (e dióxido de carbono equivalente-CChe) mesmo depois de ser transformada em produtos (Heath *et al.*, 1996; Heath *et al.*, 2011). Até à data, no entanto, praticamente toda a investigação sobre produtos de madeira colhida tem-se centrado na madeira proveniente de bosques rurais ou de florestas não urbanas. No entanto, como já foi referido, as florestas urbanas armazenam quantidades substanciais de carbono. Consequentemente, os produtos fabricados a partir de árvores urbanas poderiam contribuir para o sequestro de carbono a longo prazo e ajudar a mitigar a acumulação de gases com efeito de estufa. O interesse pelas florestas urbanas e pelo seu potencial de armazenamento de carbono e de produtos tem vindo a aumentar ultimamente, como evidenciado, em parte, pelo pequeno mas crescente número de empresários, trabalhadores da madeira, arboristas, silvicultores comunitários e outros que estão a desenvolver ou a apoiar empresas baseadas na utilização da madeira urbana.

A visão atual das florestas urbanas é que o seu valor económico deriva quase inteiramente do facto de estarem vivas e de pé. Estes valores e funções incluem, mas não se limitam a, atração estética, conservação de energia, mitigação das águas pluviais e armazenamento de carbono. Quando uma árvore urbana "cai", torna-se normalmente num problema de remoção de resíduos. Produtos como a cobertura vegetal e o combustível são muitas vezes utilizações por defeito que ignoram o valor potencial de uma árvore urbana como fonte de produtos de madeira sólida. No entanto, os produtos de madeira sólida fabricados a partir de árvores urbanas podem continuar o ciclo de armazenamento de carbono a longo prazo, reduzindo assim a acumulação de gases com efeito de estufa na atmosfera.

O papel mais significativo dos espaços verdes urbanos na atenuação das alterações climáticas será provavelmente o de influenciar o comportamento das pessoas de modo a que reduzam a sua contribuição para as emissões de gases com efeito de estufa.

No entanto, um clima diferente terá implicações nos custos e nas abordagens de manutenção dos espaços, como o aumento da rega durante as secas, uma maior pressão sobre os espaços à medida que são utilizados de forma mais intensiva e um efeito na saúde de algumas espécies de vegetação. Os espaços verdes urbanos precisam de ser bem mantidos para serem eficazes

O princípio fundamental subjacente aos acordos resultantes da Conferência das Nações Unidas sobre o Ambiente e o Desenvolvimento (CNUAD), realizada no Rio de Janeiro em 1992, foi a necessidade de abordar simultaneamente as questões do desenvolvimento e do ambiente para fazer face aos problemas prementes de degradação ambiental que o mundo enfrenta.

Os acordos alcançados no Rio de Janeiro levaram ao estabelecimento de um novo sistema internacional de governação ambiental sob a forma de vários acordos ambientais multilaterais (AMA), incluindo a Convenção-Quadro das Nações Unidas sobre as Alterações Climáticas (CQNUAC), a Convenção sobre a Diversidade Biológica (CDB) e a Convenção das Nações Unidas de Combate à Desertificação nos Países afectados por Seca Grave e/ou Desertificação, especialmente em África (CCD). Ao abrigo destes e de outros AMA, foi proposta e, em alguns casos, implementada uma série de mecanismos para promover a produção de bens e serviços ambientais juntamente com o desenvolvimento económico.

## 2.7. O papel do sequestro de carbono através da utilização dos solos na atenuação das alterações climáticas

Os cientistas estimam que cerca de 80% das reservas globais de carbono estão armazenadas nos solos ou nas florestas e que uma quantidade considerável do carbono originalmente contido nos solos e nas florestas foi libertada em resultado das actividades agrícolas e florestais e da desflorestação. Através da fotossíntese, as práticas agrícolas e silvícolas sequestram e fixam o carbono no solo, nas plantas e nas árvores, reduzindo assim os GEE atmosféricos. Consequentemente, as alterações nas práticas de utilização e gestão dos solos podem conduzir a uma refixação ou fixação substancial do carbono no solo e nas árvores.

A redução da desflorestação, o aumento das existências florestais através da expansão das plantações florestais, a adoção de actividades agro-florestais, a redução da degradação dos solos e a reabilitação das florestas degradadas são exemplos de medidas que podem potencialmente sequestrar carbono e, assim, contrariar o impacto das emissões produzidas noutros locais.

De acordo com (Dixon *et al.,* 1994), estima-se que o potencial económico global de sequestro através da alteração da utilização dos solos varia entre 0,5 e 2 GtC/ano (gigatoneladas de carbono por ano) nos próximos 50 anos. De acordo com (Lal *et* aZ.,2005), a adoção da lavoura de conservação e da gestão de resíduos pode levar a um aumento de 49% na fixação do carbono agrícola; de igual modo, 25% podem ser conseguidos através da alteração das práticas de cultivo, 13% através de esforços de recuperação de terras, 7% através da alteração da utilização dos solos e 6% através de uma melhor gestão da água.

Um estudo realizado por (Dixon *et al.,* 1994) indica que o estabelecimento de plantações de árvores em áreas anteriormente utilizadas como pastagens pode aumentar o carbono armazenado na vegetação em cerca de 120 toneladas de carbono/ha, enquanto que a adoção de práticas agro-florestais, como o cultivo de árvores de madeira e de fruto intercaladas com culturas anuais (por exemplo, milho) ou culturas perenes (por exemplo, café), pode contribuir com cerca de 70 toneladas de carbono/ha. Finalmente, quando as florestas fechadas estão ameaçadas, a proteção pode evitar emissões de até 300 toneladas de carbono/ha e, quando as florestas estão degradadas, uma gestão e recuperação cuidadosas podem aumentar o armazenamento de carbono em cerca de 120 toneladas de carbono/ha.

## 2.8. Pressupostos fundamentais da fixação de carbono

Como explicado por (Gorte, 2009), existe uma variabilidade significativa no volume de carbono que é armazenado numa floresta. Estas diferenças podem surgir por região do país, pela variedade de espécies de árvores e pelas actividades florestais. Muitos dos estudos de sequestro de carbono disponíveis centram-se em áreas ou locais específicos, o que torna complexas as comparações diretas. O

As diferentes práticas de utilização do solo num sítio afectarão o volume estimado de carbono. Por exemplo, as terras agrícolas e as terras anteriormente florestadas terão normalmente níveis iniciais diferentes de carbono no solo, o que afectará o volume de carbono sequestrado posteriormente. Newell e (Stavins, 2000) avaliam as diferenças nos custos de sequestro de carbono entre plantações de árvores e povoamentos regenerados naturalmente.

O dióxido de carbono (CO2) é o gás com efeito de estufa dominante na atmosfera. O aumento do CO2 atmosférico é atribuído principalmente à combustão de combustíveis fósseis e à desflorestação em todo o mundo (Hamburg *et al.,* 1997). As árvores actuam como um sumidouro de CO2, fixando o carbono durante a fotossíntese e armazenando o excesso de carbono sob a forma de biomassa. A dinâmica da fonte/ sumidouro de CO2 a longo prazo das florestas altera-se ao longo do tempo, à medida que as árvores crescem, morrem e se decompõem. Além disso, as influências das actividades humanas nas florestas podem afetar ainda mais a dinâmica fonte/dreno de CO2 das florestas através de factores como as emissões de combustíveis fósseis e a colheita/utilização de biomassa (Nowak e Crane, 2002). medida que a biomassa das árvores cresce, o carbono retido pela planta também aumenta o armazenamento de carbono.

## 2.9. Atenuação das alterações climáticas e potenciais incentivos de mercado

Atualmente, é dada muita atenção à gestão florestal com o objetivo de reduzir as futuras emissões de CO2 como abordagem de atenuação, uma vez que a "carga de legado" de CO2 já presente na atmosfera significa que estamos presos a um certo grau de alterações climáticas induzidas pelo homem. A sequestração de carbono (por exemplo, atraindo e aprisionando o carbono atmosférico nos solos e nas plantas) é vista como um meio primordial para reduzir rapidamente os actuais níveis de CO2, ajudando assim a evitar cenários potencialmente devastadores de alterações climáticas de ponta. Os solos são o maior sumidouro do ciclo global do carbono terrestre, com 1 500 giga toneladas (Gt), três vezes mais do que a quantidade de carbono na vegetação (~560 Gt) e duas vezes mais do que o carbono na atmosfera (~770 Gt). Metade de todo o carbono do solo em ecossistemas geridos foi perdido para a atmosfera durante os últimos dois séculos devido ao cultivo. Com as actuais estimativas de preços, os agricultores não devem esperar grandes retornos dos créditos de carbono, o que torna difícil justificar a alteração da gestão apenas para este fim (GRDC, 2009).

## 2.10. O papel do carbono do solo

O carbono orgânico do solo contribui para uma série de funções biológicas, físicas e químicas diversas e importantes, com fortes interações entre elas. Por exemplo, os organismos do solo (biota) obtêm energia da decomposição da matéria orgânica, que, por sua vez, efectua o ciclo dos nutrientes e contribui para melhorar a estrutura do solo e as propriedades de retenção de água. O SOC e o biota do solo associado apoiam o desenvolvimento pedagógico, ajudando a estabilizar os solos contra a erosão e a criar caminhos que permitem uma maior infiltração e utilização da água (reduzindo o escoamento superficial e a sombra da evaporação). A matéria viva das raízes das plantas (que também inclui o carbono do solo) é necessária para utilizar a água disponível. A diminuição do carbono do solo terá um efeito negativo na estrutura e na fertilidade do solo, aumentando o escoamento superficial, diminuindo a eficiência da utilização da água e reduzindo os rendimentos. Os diferentes reservatórios de SOC contribuem para as caraterísticas do solo em graus variáveis.

## 2.11. Factores que afectam os níveis de carbono no solo

O carbono do solo ocorre num reservatório dinâmico que faz parte do ciclo global do carbono (Chan,

2008). O carbono está continuamente a entrar e a sair do solo, reflectindo processos opostos de acumulação e perda. O SOC não é um material uniforme, mas sim uma mistura complexa de compostos orgânicos, que muda com as diferentes fases de decomposição à medida que o ciclo do carbono do solo interage com os ciclos da água e dos nutrientes, bem como com o biota do solo. Em geral, os produtores ou as árvores (fotossíntese) convertem o CO2 atmosférico em açúcares vegetais que alimentam duas teias alimentares: através do crescimento de rebentos à superfície e do crescimento de raízes abaixo do solo. Quando as plantas estão a crescer produtivamente, as raízes e os fungos benéficos associados e outros microrganismos crescem e acumulam SOC. O carbono contido nos exsudados radiculares constitui uma fonte de alimento valiosa para os elementos da biota do solo. Os decompositores (bactérias, fungos e biota maior) também crescem e reproduzem-se, consumindo o SOC e convertendo-o em formas mais estáveis, eventualmente em húmus. A atividade do biota do solo concentra e recicla nutrientes, enquanto algum carbono é mineralizado em CO2 e perdido para a atmosfera. No entanto, se a produção vegetal diminuir ou parar, o mesmo acontece com as entradas de carbono.

## 2.12. Estimativa do teor de carbono

É cada vez mais importante associar o teor de carbono às estimativas dos inventários florestais. As estimativas regionais e nacionais do teor de carbono dos ecossistemas e as alterações do teor de carbono dos ecossistemas ao longo do tempo são importantes para o ciclo global do carbono e o seu impacto nos gases atmosféricos com efeito de estufa e no clima. Os acordos internacionais estão a exigir melhorias na capacidade de avaliar as reservas de carbono florestal e as suas alterações.

O teor de carbono é relativamente fácil de avaliar no que respeita ao sobreiral e a outros tipos de vegetação. Em muitos casos, o carbono vegetativo é utilizado como substituto do carbono total do ecossistema, uma vez que é relativamente fácil de obter a partir de informações existentes ou de esforços de inventário em curso. O carbono total do ecossistema, que inclui componentes inorgânicos do ecossistema, como o solo, é mais difícil de avaliar, especialmente se a precisão das estimativas tiver de ser quantificada.

O teor de carbono da vegetação é surpreendentemente constante numa grande variedade de tipos de tecidos e espécies. (Schlesinger, 1991) observou que o teor de C da biomassa se situa quase sempre entre 45 e 50% (por massa seca em estufa). Em muitas aplicações, o teor de carbono da vegetação pode ser estimado tomando simplesmente uma fração da biomassa, digamos

C= Bx 0,5 Onde C é o teor de carbono em massa, e B é a biomassa seca em estufa.

Para o material morto, o teor de carbono é função do estado de decomposição. Para o material que ainda pode ser identificado, como a folhada fresca ou árvores mortas em pé, a equação acima pode ser utilizada para estimar o teor de C se a massa do material puder ser estimada. No caso de material severamente decomposto, pode ser necessário determinar o teor de C de subamostras de material de um sítio e, em seguida, combiná-lo com uma estimativa da massa dessa classe de material para obter uma estimativa do teor de C para esse componente vegetativo. O teor total de carbono da vegetação implica mais do que simplesmente as espécies de árvores.

## 2.13. Os reservatórios de carbono

Com base no relatório do IPCC (IPCC, 2006), existem cinco reservatórios de carbono do ecossistema terrestre que envolvem a biomassa, nomeadamente a biomassa acima do solo, a biomassa abaixo do solo, a massa morta de folhada, os detritos lenhosos e a matéria orgânica do solo. O dióxido de carbono fixado pelas plantas durante a fotossíntese é transferido entre os diferentes reservatórios de carbono. A biomassa acima do solo de uma árvore constitui a maior parte do reservatório de carbono. É o reservatório de carbono mais importante e visível do ecossistema florestal terrestre (Ravindranath NH, Ostwald M, 2008). Quaisquer alterações no sistema de utilização dos solos, como a degradação florestal e a desflorestação, têm um impacto direto nesta componente do reservatório de carbono. A biomassa subterrânea, que constitui todas as raízes vivas (Eggleston *et al., 2006),* desempenha um papel importante no ciclo do carbono, transferindo e armazenando carbono no solo. A massa morta de folhada e detritos lenhosos não constitui um importante reservatório de carbono, uma vez que contribui apenas com uma pequena fração para as reservas de carbono das florestas (Ravindranath, *et al.*,2008). A matéria orgânica do solo é também um dos principais contribuintes para as reservas de carbono das florestas (Kumar *et* al.,2006), a seguir apenas à biomassa acima do solo, e os solos são uma das principais fontes de emissões de carbono na sequência da desflorestação (Jaya *et al.*, (2002).Geralmente, os componentes estimados da biomassa são a biomassa viva acima do solo, que inclui as árvores e os arbustos, excluindo as raízes, a biomassa morta acima do solo, como folhada e ramos ou troncos caídos, e a biomassa abaixo do solo, que inclui as raízes.

## 2.14. Estado das florestas na Etiópia

As florestas da Etiópia desempenham um papel importante na proteção contra a erosão, uma vez que as raízes das árvores protegem contra as enxurradas. As árvores também ajudam a manter a água no solo e a reduzir o aquecimento global através da absorção de dióxido de carbono. No entanto, a silvicultura continua a sofrer de falta de sistemas de gestão adequados para as florestas naturais e de plantação. As licenças de corte são emitidas apesar da falta de informação sobre os volumes existentes numa determinada floresta.

No início do século XX, cerca de 420 000 quilómetros quadrados (35% do território da Etiópia) estavam cobertos por árvores, mas estudos recentes indicam que a cobertura florestal é agora inferior a 14,2% devido ao crescimento da população. Apesar da necessidade crescente de terras florestais, a falta de educação entre os habitantes locais levou a um declínio contínuo das áreas florestais Parry, J (2003).

## 2.15. A situação atual das florestas de Adis Abeba

O novo Plano Diretor de Adis Abeba (Governo da Cidade de Adis Abeba, 2002) estabelece objectivos políticos ambiciosos para o sector verde em geral e para o sector florestal em particular. Cerca de 22 000 ha, ou 41% da área total de Adis Abeba, estão reservados para o sector verde. Entre estes, mais de metade (cerca de 12 500 ha) está prevista para a silvicultura. Por outro lado, a atual área florestal tem de ser aumentada em 58%, enquanto as florestas existentes têm de ser submetidas a regimes de gestão florestal sustentável. Isto implicará uma silvicultura de utilização múltipla e, especialmente nos locais propensos à erosão nas bacias hidrográficas superiores, a transformação em florestas indígenas adaptadas ao local. Além disso, o Plano Diretor de Adis Abeba revisto apela à eliminação progressiva da produção de lenha em Entoto Hills e à restauração das florestas indígenas. Isto deve-se ao facto de as florestas das bacias hidrográficas superiores prestarem importantes serviços ambientais a Adis Abeba, sobretudo a proteção das bacias hidrográficas (erosão, deslizamento de terras e controlo de inundações), água e ar limpos e oportunidades de lazer.

## 2.16. Potencialidades dos EOTC para a conservação da biodiversidade e a mitigação e adaptação às alterações climáticas

As florestas das igrejas e dos mosteiros não surgiram imediatamente; surgiram através de um processo gradual, graças ao empenhamento e ao esforço dos pais e mães-de-santo religiosos, com base em fortes crenças religiosas e pensamentos bíblicos (Alemayehu Wassie, 2002). Em comparação com a diversidade de espécies, os mosteiros têm um maior número de espécies de árvores e uma maior área de florestas do que as igrejas (Tulu Tola, 2011).

Entre os muitos ecossistemas, o ecossistema florestal de Afromontane é conhecido por ser diverso e rico em espécies endémicas (Friis, 1992; Lovett e Friis, 1996). Este ecossistema é também um dos centros de origem e/ou diversidade de Vavilov para muitas plantas domesticadas e seus parentes selvagens, por exemplo, trigo, cevada, teff e café (Demel Teketay e Tamrat Bekele, 1995). Algumas das espécies que as igrejas conservaram foram registadas na lista vermelha da IUCN (WCMC, 1996). Os mesmos resultados foram registados em igrejas e mosteiros estudados no norte de Gonder

(Alemayehu Wassie, 2002). Isto mostra que as espécies da biodiversidade, especialmente as árvores, têm um papel significativo na atenuação das alterações climáticas, ao sequestrarem a quantidade de CO2 libertada para a atmosfera.

# CAPÍTULO 3

## Materiais e métodos

## 3.2. Descrição da zona de estudo

### 1. Localização geográfica

O estudo foi efectuado em Adis Abeba, a capital da Etiópia, situada na parte central do país, com uma superfície de 530,14 $km^2$ . A cidade está situada a 9°02'N 38°44'E/ 9.03, 38.74. Do seu ponto mais baixo, em torno do Aeroporto Internacional de Bole, a 2.326 m (7.630 pés) acima do nível do mar na periferia sul, a cidade eleva-se a mais de 3.000 m (9.800 pés) nas montanhas Entoto a norte (Figura 3.1).

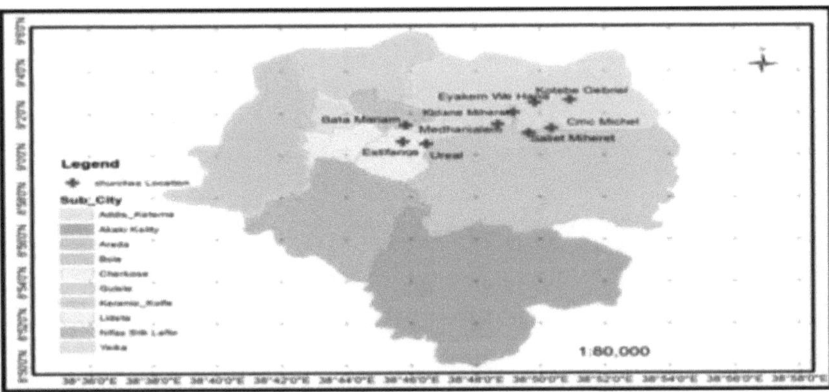


**Figura 3.1:** Mapa de Adis Abeba e localização dos locais de estudo selecionados

### 2. Natureza fisiográfica da zona de estudo

**a) Clima**

O clima em Adis Abeba está sujeito a baixas pressões, também designadas por Zona de Convergência Intertropical, que se deslocam através do equador sazonalmente para norte e para sul no continente africano (Dirk, 2001).

**b) Temperatura**

A temperatura máxima média varia de 24,3°C em maio a 20,3°C em agosto; a temperatura mínima média varia de 11,8°C em maio a 7,7°C em dezembro. (Dirk, 2001)

**c) Precipitação**

A precipitação média anual em Adis Abeba é de 1178 mm. A principal estação húmida ocorre de junho a setembro, causando cerca de 70% da precipitação anual, com o pico mais elevado em agosto e um pequeno pico de precipitação em abril (Dirk, 2001)

**d) Geologia**

A maior parte de Adis Abeba está coberta por material vulcânico. A cadeia de colinas (Entoto) na parte norte de Adis Abeba é composta por basaltos, denominada Entoto Cilcic, e está coberta por materiais vulcânicos do solo superficial com cerca de um a dois metros de espessura. A zona urbana é composta por basaltos mais jovens, denominados "basaltos de Adis Abeba", que também estão cobertos por materiais vulcânicos do solo superficial. Na zona de Bole, encontra-se parcialmente um tipo de basalto, designado por Ignimbrites. Os materiais do solo superficial na parte ocidental são espessos e macios em comparação com os das partes norte e oriental.

**e) Vegetação**

As bacias hidrográficas dos rios que atravessam Adis Abeba são, por um lado, caracterizadas pela grande área urbana de Adis Abeba. Por outro lado, nas margens dos rios encontram-se áreas cultivadas, bosques e prados. A parte oriental (Hanku

A parte norte (bacias hidrográficas de Little Akaki, Kechene e Kebena) está mais ou menos coberta de floresta, mas uma certa parte é intensamente cultivada e a urbanização está perto do limite da bacia e é mais próxima do limite da bacia. A parte norte (bacias dos rios Little Akaki, Kechene e Kebena) está mais ou menos coberta de floresta, mas uma certa parte é intensamente cultivada e a urbanização está próxima do limite da bacia e expande-se ainda mais. Desde a viragem do século, pouco depois da fundação da cidade, foram fundadas várias plantações de eucaliptos em Adis Abeba e nas colinas em redor (Entoto), a fim de satisfazer a procura de madeira da cidade. Devido ao enorme crescimento demográfico, a desflorestação tornou-se um problema grave nas duas últimas décadas. Além disso, a má gestão dos recursos florestais e o fracasso dos programas de reflorestação resultaram em colinas desflorestadas na região montanhosa do Entoto (Dirk, 2001)

### f) Topografia

Adis Abeba estende-se até ao planalto central da Etiópia. A cidade está situada num planalto com uma altitude que varia entre 2326 e 3000 metros. O cume da montanha a norte e a leste da cidade chama-se cume do Entoto. A elevação deste cume varia entre 2600 e 3200 metros. A área urbanizada da cidade é profundamente dissecada por numerosos vales formados pelos cinco principais sistemas fluviais que atravessam a cidade de norte a leste.

## 2. Seleção do local da área de estudo

Existem mais de 160 igrejas em Adis Abeba. No entanto, é impossível incluir todas as igrejas existentes de uma só vez. Por conseguinte, o estudo inclui apenas dez das 68 igrejas existentes na parte oriental de Adis Abeba. A localização das igrejas foi selecionada através de um levantamento no terreno em todos os KifleKetemas devido às condições florestais mais adequadas do que noutras partes da cidade (Quadro 3.1). Posteriormente, as dez igrejas escolhidas entre as 68 igrejas orientais foram selecionadas por estarem comparativamente mais preservadas do que os outros locais. E também pela avaliação da sua amplitude altimétrica, ano de estabelecimento e composição de espécies lenhosas nos locais de estudo. De um modo geral, o quadro seguinte apresenta informações sobre as igrejas.

| No | Study sites | Types of churches | Elevations | Aspects | covered by patch trees | Year of establishment |
|---|---|---|---|---|---|---|
| 1 | Kotebe St. Gabriel church | Cathedral | 2520 | SW/SE | 4.02 | 1969 |
| 2 | Abun Aregawi church | Debre | 2509 | S | 7.4 | 1993 |
| 3 | St.Urael church | Debre | 2351 | SW | 0.34 | 1875 |
| 4 | Taeka Negest Bata Mariem monastry | Monastery | 2437 | SW/S | 2.26 | 1911 |
| 5 | St. Eyakem wehana church | Debre | 2504 | S | 1.29 | 1976 |
| 6 | St. Estifanos church | Debre | 2365 | NE/NW/N | 1.39 | 1909 |
| 7 | Saelite Meheretst Marry church | Debre | 2389 | SE/E/S/EW | 2.72 | 1969 |
| 8 | CMC St. Michael church | Debre | 2407 | SW | 1.16 | 1986 |
| 9 | Lamberet St. Kidanemiheret church | Debre | 2470 | S/SE | 1.56 | 1983 |
| 10 | Lamberet St. Medhanialem church | Debre | 2520 | NE/SE | 1.35 | 1990 |

**Tabela: 3.1.** Ano de estabelecimento, altitude, área de floresta, aspeto e localização do local de estudo

## 3. Tipo e fontes de dados

Nesta tese, foram utilizados dois tipos de recolha de dados: fontes de dados primárias e secundárias. Os dados primários foram gerados a partir da extração de imagens de satélite e da recolha de dados no terreno. Grande parte das fontes de dados secundários foi obtida a partir de materiais publicados e não publicados, tais como livros, revistas, artigos, relatórios e sítios Web electrónicos.

## 4. A visão geral dos locais de estudo selecionados

### 4.1 Igreja de Dagmawi Kulubi Debre Leul Saint Gebriel

Esta igreja foi construída após a expansão da cidade de Adis Abeba em Kotebe Wereda 1 kebele 03. A igreja de Kotebe Saint Gebriel situa-se a 14,1 km da igreja central da cidade, Saint marry.

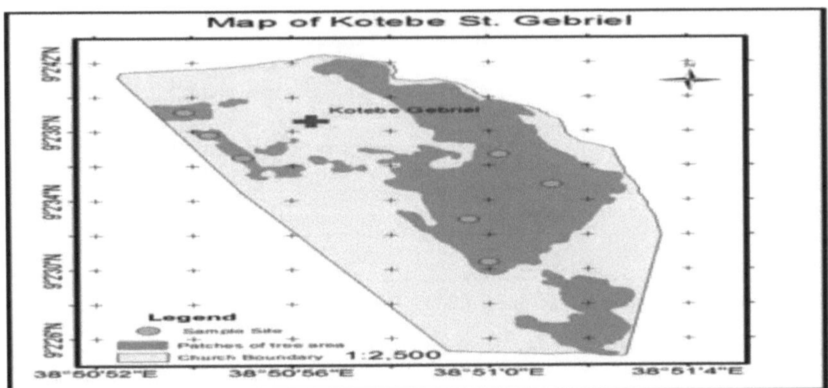


**Figura:** 3.2.Mapa da igreja de Dagmawi Kulubi Debre Leul Saint Gebriel

## 4.2. AbuneAregawichurch

A igreja de Abunearegawi foi construída pelos crentes da E.O.T.C. na cidade de Adis Abeba, subcidade de Kotebe.

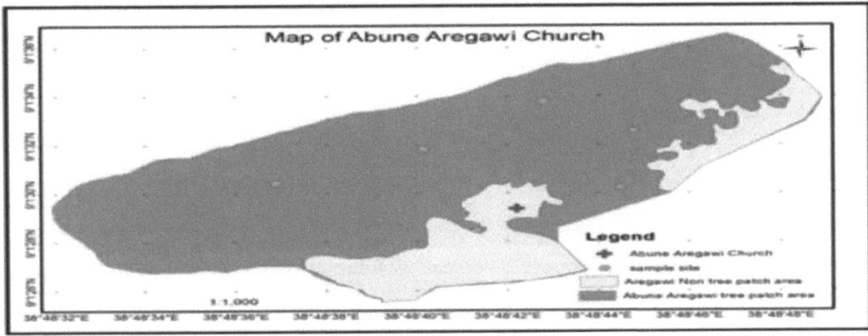


**Figura:** 3.3.Mapa da igreja de Abune Aregawi

## 4.3 Igreja de Debre Tsige Saint ureal

A igreja de Debre Tsige Saint Ureal foi fundada pelo imperador Minilik II. Tem uma história de 130 anos. A igreja estava situada na cidade de Adis Abeba Wereda 15 Kebele 35 popularidade chamada "Kassanchis".

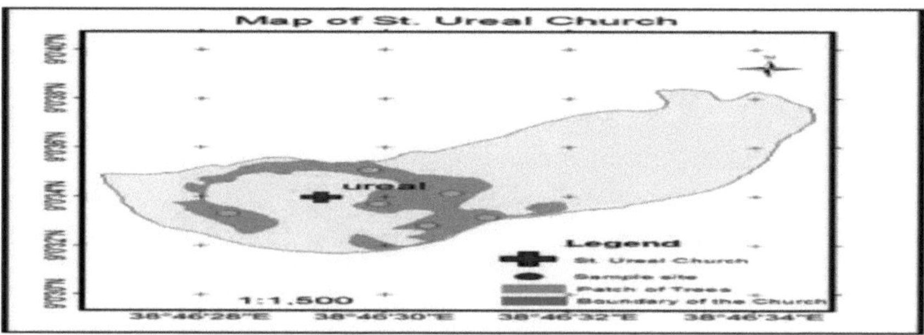


**Figura:** 3.4.Mapa da igreja de Debre Tsige Saint ureal

### 4.4. Taeka Negest Bata MariamMosteiro

A igreja situa-se em Kefetegna 14 Kebele 18, em frente dos lugares Mau. Fica apenas a 1,3 km da sede do patriarcado. A igreja de Bata Mariam é uma das igrejas mais antigas e ricas em recursos naturais. Existem diferentes espécies de árvores que desempenham um papel importante na conservação da beleza e dos recursos naturais.

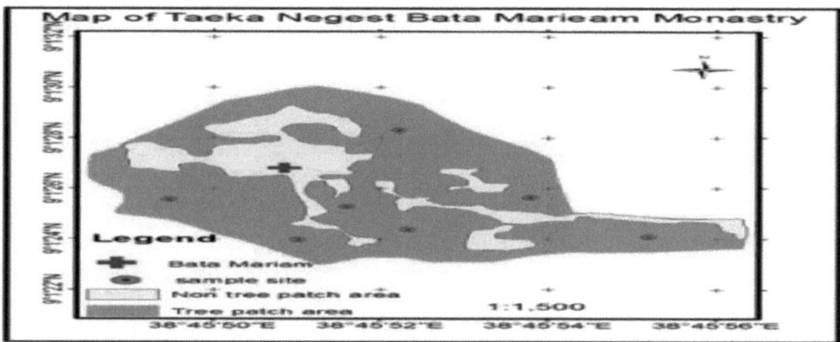


**Figura:** 3.5.Mapa do mosteiro Taeka Negest Bata Mariam

### 4.5. Igreja MekaneKidusan Eyakem Wehana

A igreja está situada a 9,2 km a leste, longe da sede do patriarcado.

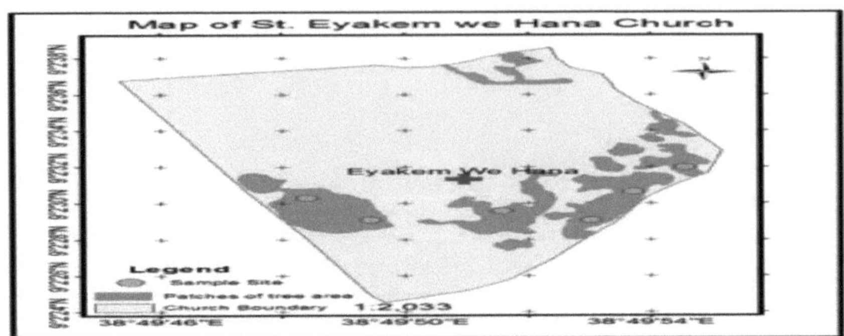


**Figura:** 3.6. Mapa da Igreja de Mekane Kidusan Eyakem Wehana

## 2.1. Igreja de Santo Estêvão de Debre selam

A igreja está situada na cidade de Adis Abeba, na praça Meskel, na direção nordeste, a 4,8 km da sede do patriarcado. A igreja recebeu o seu título "Debre selam" do mártir da terra, o diácono Estêvão, que reza com misericórdia pelos seus inimigos enquanto é espancado por uma pedra. Os mensageiros de Cristo nunca reagem ao mal, antes vencem o mal com as suas acções de caridade. E são construtores de paz. É por isso que a igreja recebeu o título de "Debre selam", que significa "o monte da paz" ou a igreja da paz.

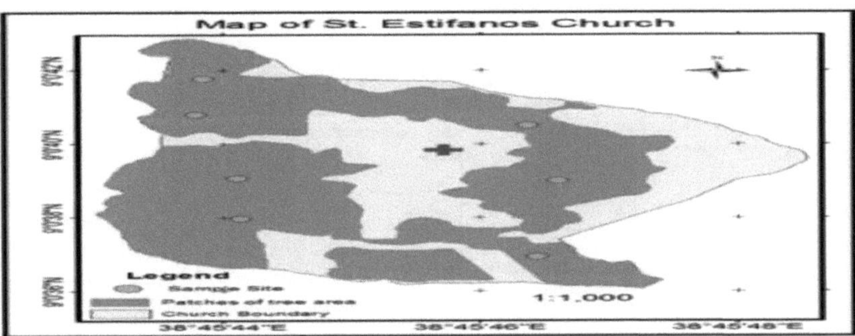


**Figura:** 3.7.Mapa da Igreja de Santo Estêvão de Debre selam

## 4.7. Igreja de S. Maria do Sealite Mihiret

Esta igreja encontra-se na cidade de Adis Abeba, Woreda 01 Kebele 04, à volta do lamberet em frente ao Colégio da Função Pública. Encontra-se a 13,2 km a leste da sede do patriarcado.

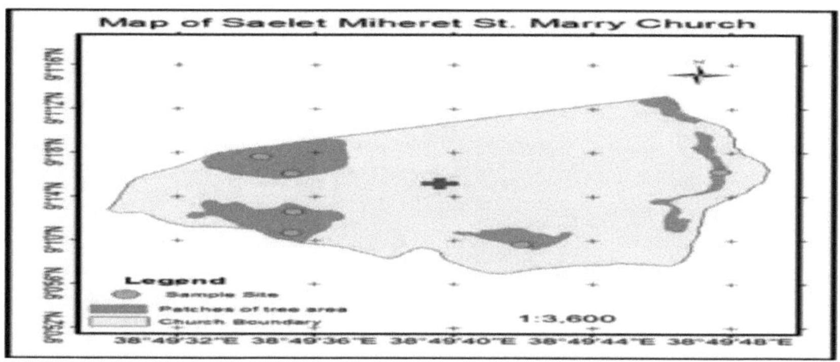


**Figura:** 3.8.Mapa da Igreja de Sealite Mihiret Saint Marry

## 4.8 Igreja de São Miguel de Debre tsibah

A igreja fica a 12 km a leste da sede do patriarca, na cidade de Adis Abeba, num local chamado CMC wereda 28 kebele 01, junto ao Colégio da Função Pública. A igreja, que se encontra em frente da atual sede da Sociedade Bíblica Etíope, tem o estilo tradicional etíope de igreja redonda.

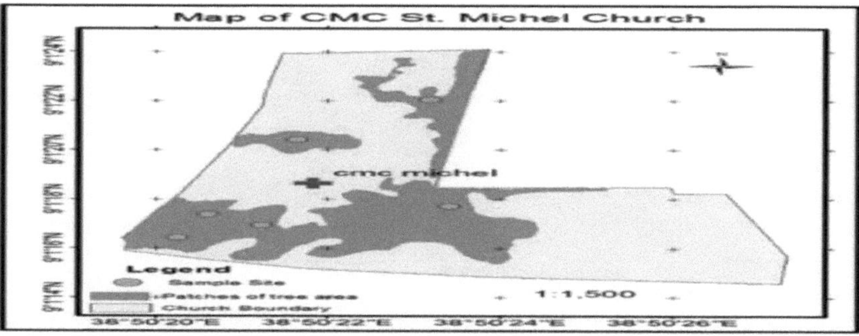


**Figura:** 3.9.Mapa da igreja de São Miguel de Debre tsibah (CMC)

## 4.9. Lamberet Igreja de S. Kidanemiheret

Esta igreja foi recentemente encontrada na cidade de Adis Abeba, à volta de lamberet

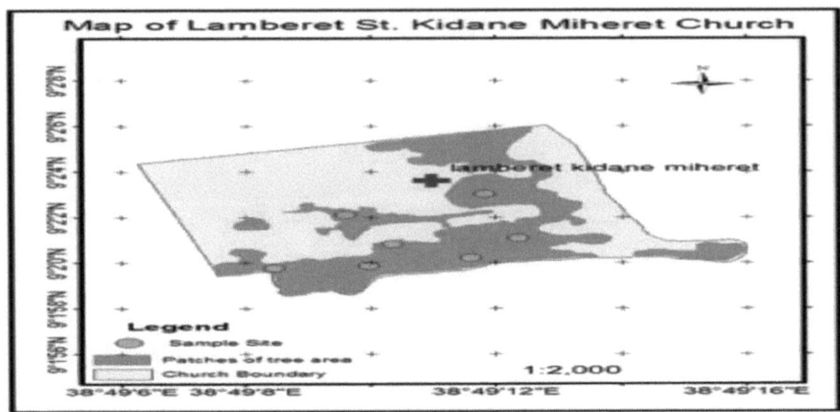


**Figura:** 3.10. Mapa da igreja de Lamberet St. Kidanemiheret

### 4.10. Lamberet St. Igreja de Medhanialem

Esta igreja foi recentemente encontrada na cidade de Adis Abeba, à volta de lamberet

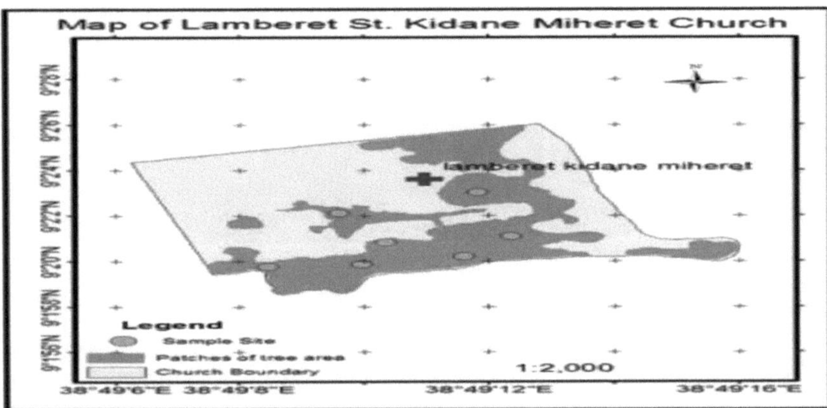


**Figura: 3.11.Mapa** da igreja de Lamberet St. Medhanialem

## 5. métodos de investigação

### 5.1 Delineação dos limites do sítio de estudo

A definição dos limites de uma determinada área tem de ser claramente identificada para facilitar a medição, monitorização, contabilização e verificação exactas. O primeiro passo na medição do carbono florestal foi a delimitação dos limites do projeto (Bhishmaet *al.,* 2010). Os limites espaciais da área de estudo foram claramente definidos e devidamente reconhecidos para facilitar a medição, a contabilização e a verificação exactas. Para este estudo, foram utilizados pontos de coordenadas GPS para a delimitação dos limites. Também se utilizaram imagens de satélite para investigar as áreas abrangidas pelos locais de estudo selecionados, a fim de determinar o local exato abrangido pelas florestas (Anexo 3).

## 5.2 Técnicas de amostragem

Foi utilizado o método de amostragem por listagem completa para medir a biomassa e o stock da vegetação. A amostragem representativa foi aplicada para recolher dados sobre o solo e a folhada em cada local de estudo. Foram utilizados quadrantes de amostragem de 10 m x 10 m, com cinco subparcelas de 1 m x 1 m, para recolher amostras de folhada e de carbono do solo. O número de unidades de amostra recolhidas para a folhada e o solo foi de 65, mas o número de amostras variou de local para local devido às condições existentes na área de estudo, como a cobertura da área, a acessibilidade e a disponibilidade de folhada nos locais de estudo.

## 5.3 Levantamento da vegetação

### a) Medição do diâmetro

Apenas as espécies lenhosas foram tidas em consideração para a estimativa do carbono armazenado. O diâmetro à altura do peito foi medido para cada árvore individual com DAP > 5 cm utilizando uma fita de diâmetro. Uma árvore com vários caules a 1,3 m de altura foi tratada como um único indivíduo e foi considerado o DAP do maior caule. As árvores com caules múltiplos ou bifurcação abaixo de 1,3 m de altura também foram tratadas como um único indivíduo (Kent e Coker, 1992). Todas as árvores com DAP > 5 cm foram medidas e registadas.

**b) Medição da altura**

A altura de todas as espécies de árvores foi medida com o hipsómetro Haga, numa posição que permite observar as pontas e a base das árvores.

**c) Identificação das espécies**

Para estimar a biomassa acima do solo, foram identificadas e registadas todas as espécies de árvores da área de estudo selecionada com dbh > 5 cm. A identificação das plantas foi efectuada no campo e utilizando a Flora da Etiópia e da Eritreia volume 2, parte 1 e parte 2 (Edwards *et al.,* 1995 & 2000). Para as espécies difíceis de identificar no campo, foram recolhidos espécimes de plantas, prensados, secos e identificados no Herbário Nacional da Universidade de Adis Abeba, utilizando espécimes do Herbário e da Flora da Etiópia e da Eritreia.

**d) Número de parcelas**

Para que o estudo seja exato no que respeita à amostragem de solo e de folhada, foram utilizadas 65 parcelas para recolher amostras de cada igreja, utilizando técnicas de amostragem representativas. O número de quadrantes varia de sítio para sítio devido à diferença na cobertura vegetal. Nos locais de estudo com grande cobertura vegetal, as parcelas de amostragem foram um pouco maiores do que nos locais mais pequenos.

**Tabela:** 3.2.Número de parcelas de amostragem para liteira e solo nos diferentes locais de estudo.

| Study site | Number sample plots |
|---|---|
| I | 7 |
| II | 6 |
| III | 6 |
| IV | 7 |

| | |
|---|---|
| V | 6 |
| VI | 7 |
| VII | 6 |
| VIII | 6 |
| IX | 7 |
| X | 7 |
| **Total** | **65** |

## 6. medições da recolha de dados no terreno

### 6.1 Recolha de dados no terreno

Os métodos e procedimentos utilizados para estimar as existências de carbono nas florestas foram procedimentos simples, passo a passo, utilizando linhas de orientação e técnicas normalizadas de inventário florestal e de carbono, como se segue:

### 6.2 Medições de campo

### 6.3 Medição do stock de carbono em diferentes reservatórios

**a) Biomassa arbórea acima do solo (AGTB)**

A biomassa acima do solo de uma árvore inclui a biomassa do tronco, ramos, galhos e folhas. Em cada local de estudo foi medido o DAP (a 1,3 m) e a altura das árvores individuais com DAP igual ou superior a cinco cm. Cada árvore foi registada individualmente, juntamente com o nome da espécie e a identificação. De acordo com (Karky e Banskota, 2007) e (MacDicken, 1997), as árvores na fronteira devem ser incluídas se > 50% da sua área basal estiver dentro da parcela e excluídas se < 50% da sua área basal estiver fora da parcela.

**b) Biomassa abaixo do solo (BGB)**

A biomassa abaixo do solo corresponde a 20% da biomassa acima do solo (MacDicken, 1997).

c) **Folhas**

Foi estabelecida uma quadrícula com uma dimensão de 10 m x 10 m para recolher as camas. Em cada parcela de amostragem, foi utilizado um total de cinco subparcelas de 1 m x 1 m (quatro nos cantos e uma no centro) para a recolha de folhada, de modo a melhor representar a área de estudo. Cem gramas de subamostras de folhada, misturadas uniformemente, foram levadas para o laboratório e colocadas num saco de plástico para determinar o teor de humidade, a partir do qual a massa seca total e o carbono orgânico foram calculados pelo método da incineração (Anexo 14).

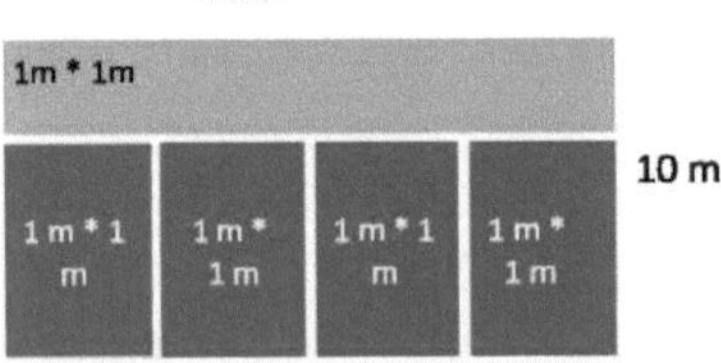


**Figura 2:** Tamanho das parcelas de amostragem para recolha de camas e solo.

d) **Carbono orgânico do solo (SOC)**

Para obter um inventário exato das reservas de carbono orgânico no solo mineral ou orgânico, é necessário medir três tipos de variáveis: (1) profundidade, (2) densidade aparente (calculada a partir do peso do solo seco em estufa de um volume conhecido de material amostrado), e (3) as concentrações de carbono orgânico na amostra (Pearson *et al.,* 2005). Por uma questão de conveniência e de custo-eficácia, foi utilizada uma profundidade de 30 cm. O carbono orgânico do solo foi determinado através de amostras recolhidas a partir da profundidade padrão de 30 cm, conforme prescrito pelo IPCC (2006), escavando o solo com a ajuda de um amostrador de núcleo padronizado. Todas as amostras foram colocadas em sacos de papel com uma etiqueta adequada. Foram retirados cinco pesos iguais de cada amostra de cada subparcela e misturados de forma homogénea, enquanto uma subamostra composta de 100 gm de cada parcela foi submetida a análise laboratorial. Em seguida, a fração de carbono foi determinada pelo método Walkley-Black (apêndice 13)

## 7. Estimativa do carbono em diferentes reservatórios de carbono

### 7.1. Estimativa da biomassa arbórea acima do solo (AGTB)

A seleção da equação alométrica adequada foi crucial para estimar a biomassa das árvores acima do solo. Bhishma *et al.* (2010) definiram a equação alométrica como uma relação estatística entre a(s) dimensão(ões) caraterística(s) principal(is) das árvores que são bastante fáceis de medir, como o DAP ou a altura, e outras propriedades que são mais difíceis de avaliar, como a biomassa acima do solo. Permitem estimar quantidades que são difíceis ou dispendiosas de medir com base numa única (ou, no máximo, em algumas) medição.

Existem diferentes equações alométricas que foram desenvolvidas por muitos investigadores para estimar a biomassa acima do solo. Estas equações são diferentes consoante o tipo de espécie, a localização geográfica, o tipo de povoamento florestal, o clima e outros (Negi *et al.,* 1988; Brown *et al.,* 1989, Baker *et al.,* 2004). Por conseguinte, a aplicação destas equações à área de estudo foi vantajosa em termos de custos e de tempo.

Das diferentes equações alométricas disponíveis para estimar a biomassa acima do solo, o modelo desenvolvido por Brown *et al.* (1989) é recomendável para o local de estudo, uma vez que os critérios gerais descritos pelo autor se enquadram nos locais de estudo. A equação que foi utilizada para calcular a biomassa acima do solo foi a seguinte

$$Y= 34{,}4703 - 8{,}0671(DBH) + 0{,}6589(DBlP) \quad \text{.........} (equ.l)$$

Onde, Y é a biomassa acima do solo, DBH é o diâmetro à altura do peito.

## 7.2. Estimativa da biomassa abaixo do solo (BGB)

A estimativa da biomassa abaixo do solo foi muito mais difícil e demorada do que a estimativa da biomassa acima do solo (Geider *et al.,* 2001). De acordo com (MacDicken, 1997), o método padrão para estimar a biomassa abaixo do solo foi obtido como 20% da biomassa da árvore acima do solo, ou seja, é utilizado o valor do rácio raiz/parte aérea de 1:5. Do mesmo modo, Pearson *et al.* (2005) descreveram este método como sendo mais eficiente e eficaz para aplicar um modelo de regressão para determinar a biomassa abaixo do solo a partir do conhecimento da biomassa acima do solo. Assim, foi utilizada a equação desenvolvida por MacDicken (1997) para estimar a biomassa abaixo do solo:

$BGB = AGB^{x}\ 0.2$ ........................................................................................ *(equ.2)*

Em que, BGB é a biomassa abaixo do solo, AGB é a biomassa acima do solo, 0,2 é o fator de conversão (ou 20% da AGB).

Em seguida, a biomassa das árvores foi convertida em C multiplicando a biomassa das árvores acima do solo por 0,5 (MacDicken, 1997, Brown 2002).

Estoque de C da biomassa = Biomassa x 0,5 O estoque de carbono da biomassa foi então convertido em CO2 equivalente da seguinte forma:

$C0_2$ = biomassa C x 3,67 ........................................................................................ *(equ.3)*

## 7.3. Estimativa dos stocks de carbono na biomassa de folhada

De acordo com Pearson *et al.* (2005), a estimativa da quantidade de biomassa na folhagem pode ser calculada por

$LB =$ ............................................................ *(equ.4)*

Onde: LB = Folhada (biomassa de folhada t ha $)^{-1}$

W field = peso da amostra húmida de folhada recolhida numa área de 1 $m^2$ (g);

A = dimensão da zona em que a folhada foi recolhida (ha);

W subamostra, seca = peso da subamostra de cama seca em estufa, levada para o laboratório para determinação do teor de humidade (g), e

W subamostra fresca = peso da subamostra fresca de cama levada para o laboratório para determinação do teor de humidade (g).

**Reservas de carbono na biomassa das camas**

$C_L = LB$ x % *C*........................................................................................ *(equ.5)*

Onde, $C_L$ é o carbono total armazenado na cama em t $ha^{-1}$ , % C é a fração de carbono determinada em laboratório (Pearsone/ *al.,* 2005).

### 7.4. Estimativa do carbono orgânico do solo

A densidade de carbono do carbono orgânico do solo foi calculada de acordo com as recomendações de Pearson *et al.* (2005) a partir do volume e da densidade aparente do solo, da seguinte forma

$V= h\pi r^2$........................................................................................ *(equ.6)*

Onde, V é o volume do solo na broca do amostrador em $cm^3$ , h é a altura da broca do amostrador em cm, e r é o raio da broca do amostrador em cm (Pearsone/ *al.,* 2005). Além disso, a densidade aparente de uma amostra de solo pode ser calculada da seguinte forma

BD = ........................................................................................ (equ.7)

Onde, BD é a densidade aparente da amostra de solo por, $W_{av}$ , seco é o peso médio seco ao ar da amostra de solo por quadrante, V é o volume da amostra de solo no trado amostrador em $cm^3$ (Pearsone/ *al.,* 2005).

*SOC = BD * d * % C*........................................................................................*(equ.8)*

Onde, SOC= estoque de carbono orgânico do solo por unidade de área (t $ha^{-1}$ ),

BD = densidade aparente do solo (g $cm^{'3}$ ),

D = a profundidade total a que a amostra foi colhida (30 cm), e

%C = Concentração de carbono (%)

### 7.5. Densidade do stock de carbono total

A densidade do carbono armazenado foi calculada através da soma das densidades do carbono armazenado dos conjuntos de carbono individuais do estrato, utilizando a fórmula de Pearson *et al.* (2005).

Densidade do stock de carbono de uma área de estudo:

$Densidade\ C = C_{AGB} + C_{BGB} + C\ Lit + +SOC$ ........................................................(equ.9)

Onde:

Densidade C = Densidade do stock de carbono para todos os charcos [ton ha $]^{-1}$

C AGTB = Carbono na biomassa arbórea acima do solo [t C ha $]^{-1}$

CBGB = Carbono na biomassa abaixo do solo [t C ha $]^{-1}$

C Lit = Carbono na folhada morta [t C ha $]^{-1}$

SOC = Carbono orgânico do solo

O stock total de carbono foi então convertido em toneladas de CO2 equivalente multiplicando-o por 44/12, ou 3,67 (Pearson *et al.,* 2007).

## 8. análise de dados

Os dados recolhidos nos locais de estudo foram organizados e registados numa folha de dados Excel. A análise da estrutura quantitativa foi efectuada utilizando o Microsoft Excel de 2007 e o software SPSS versão 20 a partir dos dados de DAP, altura de cada espécie, peso fresco, peso seco da folhada e do solo. A biomassa de cada espécie arbórea em toda a área amostral foi analisada a partir dos dados da distribuição das classes de diâmetro. A análise de variância (ANOVA unidirecional) foi utilizada para determinar diferenças estatisticamente significativas das reservas de carbono ao longo da altitude e do aspeto para os reservatórios de carbono do solo e da folhada. As diferenças ao nível de 0,05 foram consideradas significativas.

# CAPÍTULO 4

## RESULTADOS

### 4.2. Estrutura da floresta da igreja

Foi registado um total de 52 espécies diferentes em todos os locais de estudo e foram encontrados 8142 indivíduos das espécies arbóreas nos locais de estudo selecionados. Com base na cobertura de espécies, *o Eucalyptus globulus* foi a espécie dominante com 4359 caules (53,54%), *o Cupressus lusitanica* foi a espécie arbórea dominante seguinte, com 18,94% (1542 caules) e *o Juniperusprocera* foi a terceira espécie abundante com 483 caules (5,93%). Enquanto que *Cas miroa edulis, Dodonea angustifolia, Euclea divinorum, Maesa lanceolata* e *Rhamnus p rinoides* apresentaram a menor densidade com igual número de caules (0,01%) ou um caule em todas as igrejas selecionadas. (Quadro: 4.1). As espécies lenhosas em todos os locais de estudo variam na sua composição, entre as quais *Eucalyptus globulus, Eucalyptus camaldulensis, Juniperus procera, Cupressus lasitanica, Ekebergia capensis Vernonia amygdalina, Acacia abyssinica,*

*Acacia decurrens, Grevillea robusta, Dracaena steudneri, Ficus sur, Hagenia abyssinica, Acacia negrii* e *aloege genus - foram* as espécies arbóreas encontradas no local de estudo **I.** *Eucalyptus globulus, Cupressus lasitanica, Juniperus procera e Hagenia abyssinica* são as únicas quatro espécies encontradas no local de estudo **II.** Eucalyptus globulus, *Juniperus procera, Cupressus lasitanica, Vernonia amygdalina, Acacia decurrens, Dracaena steudneri, Casuarina cunninghamiana, Croton macrostachyus, Millettia ferruginea, Olea europaea, Allophylus abyssinicus e Schinus molle.vfexc* são as espécies arbóreas encontradas no sítio de estudo **III.** *Eucalyptus globulus, Juniperus procera, Cupressus lasitanica, Ekebergia capensis, Vernonia amygdalina, acacia Abyssinica , Acacia decurrens, Grevillea robusta, Dracaena steudneri, Ficus sur, Cordial Africana, Acacia melanoxylon, Casuarina cunninghamiana, Croton macrostachyus, Millettia ferruginea, Olea europaea, Pinus patula, Pinus radiata, Ricinus communis, Spathodea nilotica, Ficus thonningii, Jacaranda* *mimosifolia, Rhamnus prinoides, Allophylus abyssinica, Prunus africana, Cupressus pramida, Hevea brasillensis, Schrebera alata, Phoenix reclinata e Calpumia aurea* são as espécies registadas nos sítios de estudo **IV**. As espécies arbóreas *Eucalyptus globulus, Eucalyptus camaldulensis, Eucalyptus citrodora, Cupressus lasitanica, Juniperus procera, Ekebergia capensis, Vernonia amygdalina, Acacia abyssinica, Acacia decurrens, Grevillea robusta, Cordia africana, Acacia melanoxylon, Casuarina cunninghamiana, Croton macrostachyus, Callistemon citrinus, Maesa lanceolata, Euclea divinorum e Dodonea angustifolia* foram as espécies encontradas no sítio de estudo **V**. *Eucalyptus globulus, Eucalyptus citrodora, Cupressus lasitanica, Juniperus procera, Vernonia amygdalina, Acacia abyssinica, Acacia decurrens, Acacia negrii, Grevillea robusta, Ficus sur, Hagenia abyssinica, Acacia melanoxylon, Casuarina cunninghamiana, Croton macrostachyus, Callistemon citrinus, Millettia ferruginea, Olea europaea, Pinus patula, Euphorbia abyssinica, Spathodea nilotica, Ficus thonningii, Jacaranda mimosifolia, Allophylus abyssinicus, Schinus molle, Podocarpus falcatus, Casimiroa edulis, Triticum monococcum, Dovyalis abssinica, Prunus africana, Persea americana* e *Calpumia aurea* foram registadas nos sítios de estudo VI. As espécies no sítio de estudo VII são *Eucalyptus globulus, Eucalyptus camaldulensis, Juniperus procera, Vernonia amygdalina, Acacia Abyssinica, Acacia decurrens, Grevillea robusta, Ficus sur, Cordial africana, Casuarina cunninghaminana, Croton macrostachyus, Millettia ferruginea, Pinus patula, Ricinus communis, Spathodea nilotica, Ficus thonningii, Jacaranda mimosifolia* e *Buddleja polystachya*. As espécies que foram encontradas no sítio de estudo VIII são *Eucalyptus globulus, Eucalyptus citrodora, Cupressus lasitanica, Juniperus procera, Ekebergia capensis, Vernonia amygdalina, Acacia Abyssinica, Acacia decurrens, Acacia saligna, Cordia africana, Acacia melanoxylon, Casuarina cunninghamiana, Olea europaea, Buddleja polystachya, Justicia schimperiana, Psidium guajava e Allophylus abyssinicus*. As seguintes espécies foram registadas no sítio de estudo IX *Eucalyptus globules, Eucalyptus citrodora, Cupressus lasitanica, Juniperus procera, Vernonia amygdalina, Acacia abyssinica, Acacia decurrens, Grevillea robusta, Dracaena steudneri, Ficus sur,*

*Acacia melanoxylon, Casuarina cunninghamiana, Callistemon citrinus, Millettia ferruginea, Olea europaea,Acacia negrii, Rhamnus prinoides e Phytolaca dodecandra* e também *Eucalyptus globulus, Eucalyptus camaldulensis, Cupressus lasitanica, Juniperus procera* e *Acacia decurrens* foram consideradas as espécies arbóreas no sítio de estudo X

**Tabela: 4.1.** Nome da espécie, número de troncos, DAP médio e altura na área de estudo

| **tree code** | **Species name** | **Local name** | **Number of trees** | **Average DBH(cm)** | **Average height(m)** |
|---|---|---|---|---|---|
| AS1 | *Acacia abyssinica.* | Yeabeshagirar | 130 | 57.05 | 13.25 |
| AS2 | *Acacia decurrens* | Decurrens | 164 | 34.88 | 17.20 |
| AS3 | *Acacia negrii* | Acacia | 41 | 9.78 | 8.34 |
| AS4 | *Acacia saligna* | Saligna | 38 | 15.54 | 12.40 |
| AS5 | *Acacia melanoxylon* | Omedla | 109 | 38.57 | 31.32 |
| AS6 | *Allophylus abyssinicus* | Embis | 18 | 24.51 | 15.42 |
| AS7 | *Buddleja polystachya* | Anfar | 5 | 9.60 | 4.12 |
| AS8 | *Callistemon citrinus* | Bottle brush | 4 | 10.21 | 12.51 |
| AS9 | *Calpurnia aurea* | Digita | 4 | 19.24 | 6.60 |
| AS10 | *Carissa spinarum* | Agam | 7 | 14.61 | 5.22 |
| AS11 | *Casimiroa edulis* | Kazmir | 1 | 8.24 | 7.50 |
| AS12 | *Casuarina cunninghamiana* | Shewshewe | 237 | 34.52 | 27.35 |
| AS13 | *Cordial africana* | Wanza | 19 | 29.20 | 19.10 |
| AS14 | *Croton macrostachyus* | Bisana | 48 | 34.25 | 13.40 |
| AS15 | *Cupressus lasitanica* | YeferenjeTid | 1542 | 57.67 | 29.15 |
| AS16 | *Aloege genus* | Eret | 2 | 12.03 | 9.23 |
| AS17 | *Dodonea angustifolia* | Kitikita | 1 | 16.22 | 5.50 |
| AS18 | *Dovyalis abssinica* | Koshim | 2 | 15.23 | 9.46 |

| AS19 | *Dracaena steudneri* | Etsepatos | 109 | 9.5 | 9.54 |
|---|---|---|---|---|---|
| AS20 | *Ekebergia capensis.* | Lul | 40 | 31.35 | 25.22 |
| AS21 | *Eucalyptus globulus* | Bahirzaf | 4359 | 56.21 | 25.31 |
| AS22 | *Eucalyptus camaldulensis* | Camaldulensi s | 55 | 16.25 | 10.34 |
| AS23 | *Eucalyptus sitrodora* | Sitrodora | 25 | 17.26 | 12.00 |
| AS24 | *Euclea divinorum* | Dediho | 1 | 12.33 | 6.75 |
| AS25 | *Euphorbia abyssinica* | Kulkual | 2 | 9.75 | 5.62 |
| AS26 | *Ficus sur* | Sholla | 24 | 35.14 | 26.25 |
| AS27 | *Ficus thonningii* | Warka | 12 | 32.12 | 19.25 |
| AS28 | *Grevillea robusta* | Gravilla | 63 | 24.50 | 10.25 |
| AS29 | *Hagenia abyssinica* | Kosso | 2 | 11.34 | 8.23 |
| AS30 | *Heve abrasillensis* | Yegomazaf | 22 | 14.31 | 11.25 |
| AS31 | *Jacaranda mimosifolia* | Yetebmenjazaf e | 34 | 29.55 | 12.50 |
| AS32 | *Cupressus pramida* | Paramida | 48 | 26.89 | 17.25 |
| AS33 | *Juniperus procera* | YeabeshaTid | 483 | 59.06 | 31.25 |
| AS34 | *Maesa lanceolata* | Kelewa | 1 | 8.21 | 7.00 |
| AS35 | *Millettia ferruginea* | Birbera | 18 | 13.78 | 6.25 |
| AS36 | *Olea europaea* | Woyra | 182 | 36.13 | 29.23 |
| AS37 | *Persea americana* | Abocado | 2 | 10.25 | 7.75 |
| AS38 | *Phoenix reclinata* | Zenbaba | 20 | 19.45 | 11.22 |
| AS39 | *Phytolac adodecandra* | Endod | 3 | 16.24 | 6.25 |
| AS40 | *Pinus patula* | Patula | 5 | 37.25 | 17.50 |
| AS41 | *Pinus radiata* | Radiata | 12 | 24.50 | 15.50 |

| AS42 | *Podocarpus falcatus* | Zigba | 28 | 19.00 | 12.65 |
|---|---|---|---|---|---|
| AS43 | *Prunus africana* | Tikurenchet | 20 | 21.23 | 11.05 |
| AS44 | *Psidium guajava* | Zeituna | 35 | 10.76 | 9.25 |
| AS45 | *Ricinus communis* | Gulo | 6 | 9.42 | 7.75 |
| AS46 | *Schinus molle* | Qundoberbere | 4 | 26.32 | 15.24 |
| AS47 | *Schrebera alata* | SenefWoyra | 17 | 30.05 | 20.28 |
| AS48 | *Triticummonococcum* | Romania | 7 | 10.32 | 9.25 |
| AS49 | *Vernonia amygdalina* | Grawa | 116 | 24.13 | 9.25 |
| AS50 | *Rhamnus prinoides* | Gisho | 1 | 16.7 | 10.25 |
| AS51 | *Spathodeanilotica* | yechakanebelb al | 10 | 14.87 | 16.50 |
| AS52 | *Justicia schimperiiana* | Sensel | 4 | 6.29 | 11.25 |
|  | ***Total*** |  | **8142** |  |  |

**4.1.1.DAP e distribuição da altura das árvores**

A altura e o DAP das árvores foram classificados nas seguintes subclasses: (<10, 10.1-20, 20.1- 30, 30.1- 40, 40.1 - 50 e > 50) e (<10, 10.5 - 20, 20.5 - 30, 30.5 - 40 e >40) para o DAP e a altura, respetivamente. A disposição do DAP e da altura das árvores indica a distribuição das plantas em relação a condições ambientais favoráveis.

**4. 1.1.1. Distribuição do DAP**

Como se mostra abaixo (figura 4.1), o valor mais elevado de DAP das espécies arbóreas foi encontrado na segunda classe de DAP (11-20 cm), seguido da primeira classe de DAP. O valor mais baixo de DAP foi registado na quarta classe de DAP. Por conseguinte, verificou-se uma elevada densidade de vegetação na classe dois de DAP (figura 4.1, gráfico abaixo).

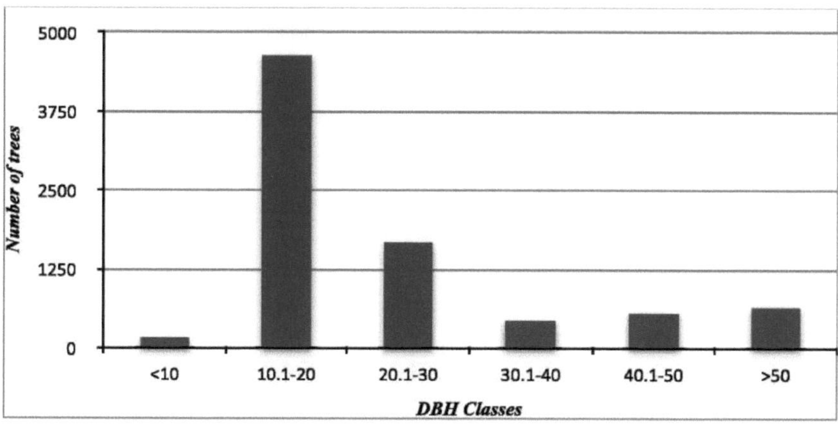


**Figura: 4.1.** Distribuição do DAP das árvores

#### 4.1.1.2. Distribuição da altura

Com base nos resultados, as plantas mais altas foram encontradas na segunda (11-20 m) e terceira (21-30 m) classes de altura e as mais baixas foram registadas na quinta classe de altura (> 40 m) seguida da quarta classe (figura 4.2).

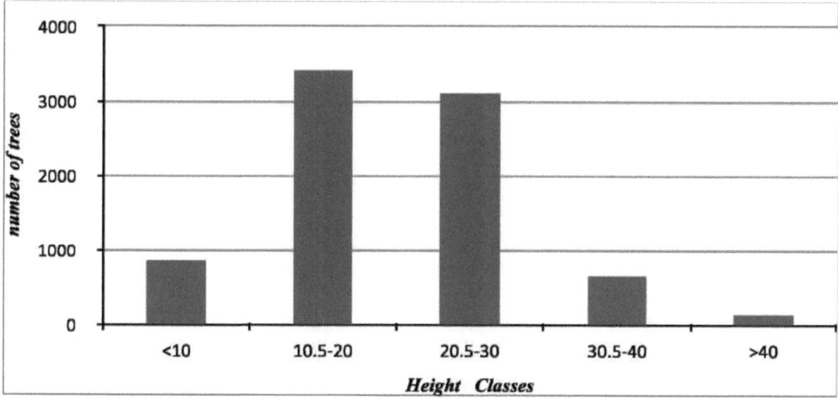


**Figura: 4. 2.** Distribuição da altura das árvores

### 4.1.3. Biomassa e reservas de carbono em diferentes reservatórios de carbono a) A biomassa acima do solo e as reservas de carbono do local de estudo I:

A biomassa mínima e máxima acima do solo no local de estudo I foi de 32,5 ton/ha e 797,6 ton/ha, respetivamente, com uma biomassa média de 310,9 ton/ha e as existências médias de carbono acima do solo foram de 155,4 ton/ha, com o dióxido de carbono acima do solo a ascender a 570,6 ton/ha (Anexo: 4). A biomassa mínima e máxima abaixo do solo foi de 6,5 ton/ha e 159,5 ton/ha, respetivamente, com uma biomassa média de 62,2 ton/ha e as existências médias de carbono abaixo do solo foram de 31,1 ton/ha e o dióxido de carbono sequestrado na biomassa abaixo do solo foi de 114,1 ton/ha (Anexo: 4).

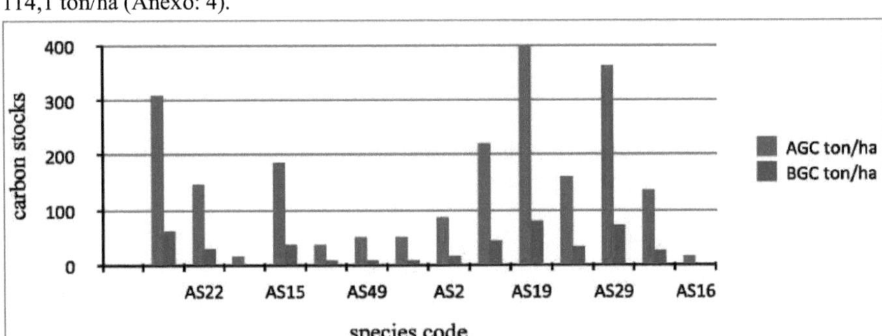


**Figura: 4.3.** Reservas de carbono acima e abaixo do solo das espécies

**b) A biomassa acima do solo e as reservas de carbono do local de estudo II:**

O mínimo e o máximo de AGB no local de estudo II foi de 88,5 ton/ha e 678,5 ton/ha, respetivamente, com uma biomassa média de 366,4 ton/ha e uma média de reservas de carbono de AGB foi de 183,2 ton/ha com um valor de dióxido de carbono acima do solo de 672,3 ton/ha (Anexo: 4). A biomassa mínima e máxima do BGB foi de 17,7 ton/ha e 35,7 ton/ha, respetivamente, com uma biomassa média de 73,3 ton/ha e as reservas médias de carbono no BGC foram de 26,2 t/ha e o dióxido de carbono abaixo do solo foi de 134,5 t/ha (Anexo: 4).

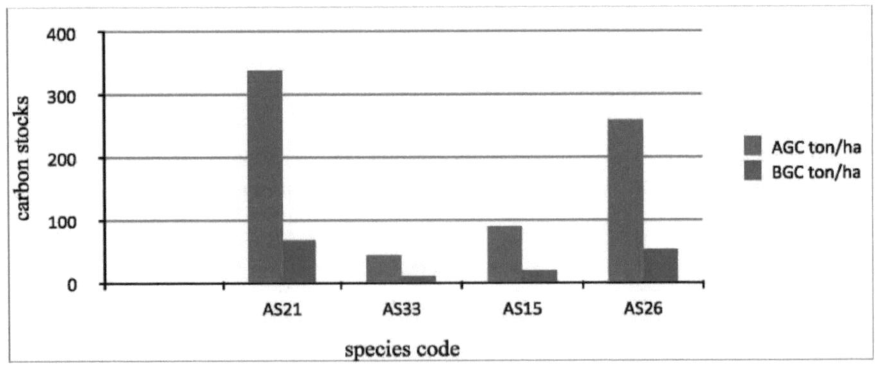

Figura: 4.4. Reservas de carbono acima e abaixo do solo das espécies

**c) A biomassa acima do solo e as reservas de carbono do local de estudo III:**

A biomassa mínima acima do solo e a AGB máxima registaram-se no local de estudo III. A biomassa média e as reservas de carbono foram de 225,7 ton/ha e 112,8 ton/ha com um dióxido de carbono acima do solo de 414,2 t/ha (Anexo: 4). A biomassa média acima do solo do local de estudo III foi de 45,2 ton/ha, com a biomassa mínima e máxima de 6,8 ton/ha e 78,2 ton/ha, respetivamente, e a média das existências de carbono e do dióxido de carbono no BGB foi de 20,2 ton/ha e 82,9 ton/ha, respetivamente (Anexo: 4).

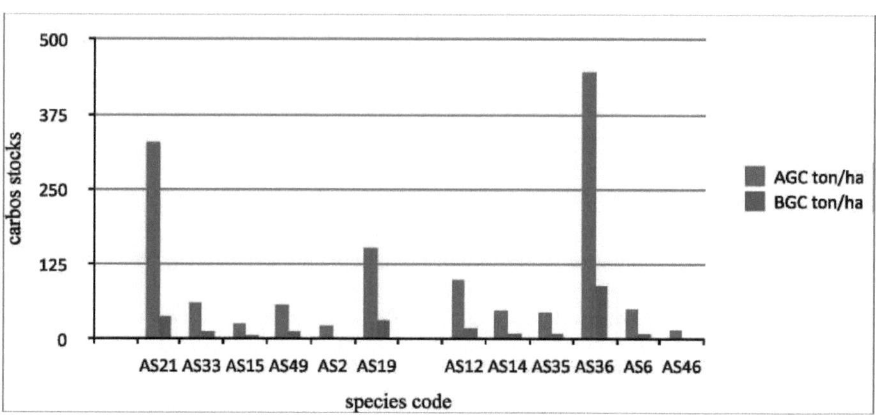


**Figura: 4.5.** Reservas de carbono acima e abaixo do solo das espécies

**d) A biomassa acima do solo e as reservas de carbono do sítio de estudo IV:**

O AGB mínimo e máximo no local de estudo IV foi de 20,9 ton/ha e 420,9 ton/ha, respetivamente, com uma biomassa média de 206,2 ton/ha e as reservas médias de carbono do AGB foram de 103,1 ton/ha com dióxido de carbono acima do solo de 378,3 ton/ha (Anexo: 4). O BGB médio foi de 41,3 ton/ha com a biomassa mínima e máxima de 6,5 ton/ha e 106,9 ton/ha respetivamente e um BGC de carbono médio foi de 20,6 ton/ha e o dióxido de carbono abaixo do solo foi de 75,6 ton/ha (Anexo: 4).

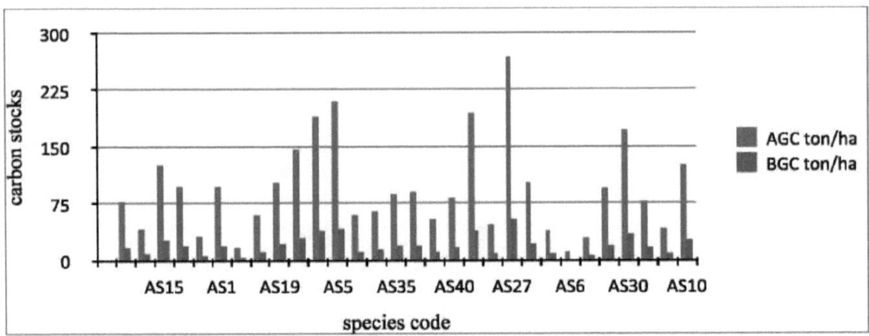


**Figura: 4.6.** Reservas de carbono acima e abaixo do solo das espécies

**e) A biomassa acima do solo e as reservas de carbono do sítio de estudo V:**

Com base nos resultados, o AGB mínimo e máximo no local de estudo V foi de 61,7 ton/ha e 524,1 ton/ha, respetivamente, com uma biomassa média de 210,6 ton/ha e as reservas médias de carbono do AGC foram de 105,3 ton/ha com dióxido de carbono acima do solo de 386,5 ton/ha (Anexo: 4). O BGB médio foi de 42,1 ton/ha, com uma biomassa mínima e máxima de 9,2 ton/ha e 104,81 ton/ha, respetivamente, e uma média de reservas de carbono de 21,8 ton/ha e de dióxido de carbono abaixo do solo de 80,2 ton/ha (Anexo: 4)

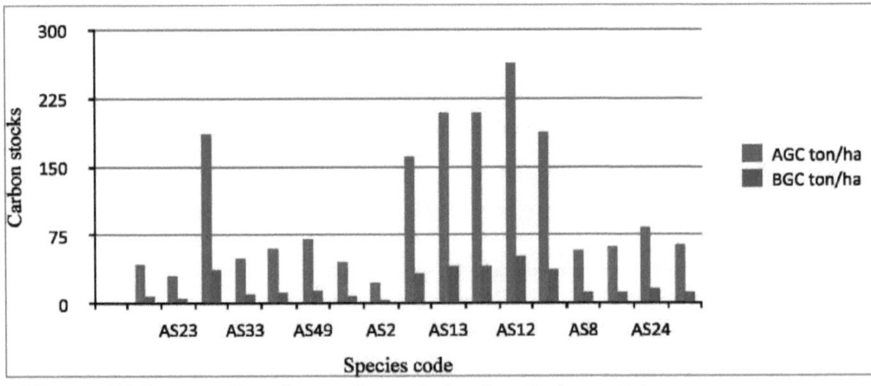


**Figura: 4.7.** Reservas de carbono acima e abaixo do solo das espécies

**f) A biomassa acima do solo e as reservas de carbono do sítio de estudo VI:**

O AGB mínimo e máximo no local de estudo VI foi de 9,8 ton/ha e 665,6 ton/ha, respetivamente, com uma biomassa média de 152,6 ton/ha e uma média de reservas de carbono de AGC foi de 76,3 ton/ha com dióxido de carbono acima do solo de 280,1 ton/ha (Anexo: 4).

E o BGB médio foi de 30,5 ton/ha com a biomassa mínima e máxima de 1,9 ton/ha e 133,1 ton/ha, respetivamente, e um stock médio de carbono do BGC foi de 15,3 ton/ha e o dióxido de carbono abaixo do solo foi de 56 ton/ha (Anexo: 4).

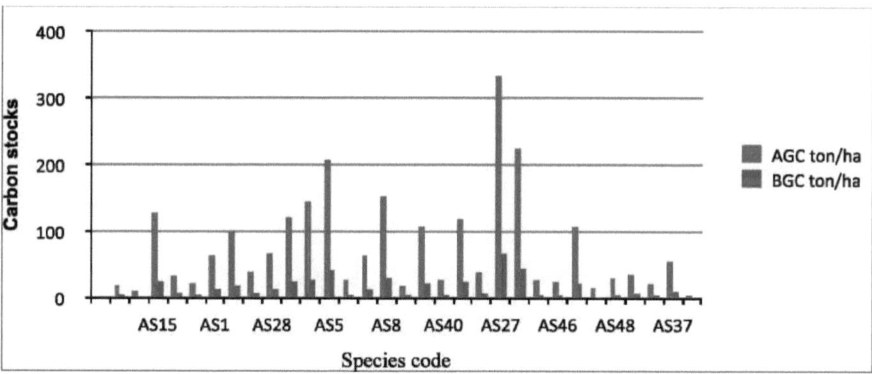


**Figura: 4.8.** Reservas de carbono acima e abaixo do solo das espécies

**g) A biomassa acima do solo e as reservas de carbono do sítio de estudo VII:**

26,2 ton/ha e 485,8 ton/ha foram o mínimo e o máximo de AGB no local de estudo VII, respetivamente, com uma biomassa média de 110,4 ton/ha e as reservas médias de carbono de AGC foram 55,2 ton/ha com dióxido de carbono acima do solo de 202.6 ton/ha (Apêndice: 4), e o BGB mínimo e máximo foi de 5,3 ton/ha e 97,2 ton/ha, respetivamente, com uma biomassa média de 22,1 t/ha e o BGC médio foi de 11 ton/ha com dióxido de carbono abaixo do solo de 40,5 ton/ha (Apêndice: 4).

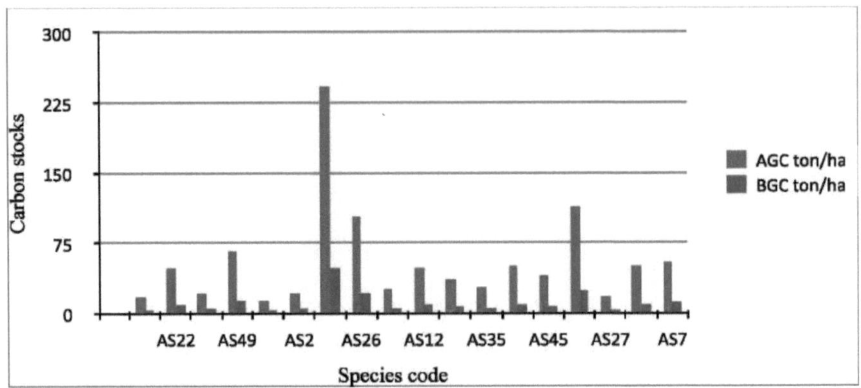

**Figura: 4.9.** Reservas de carbono acima e abaixo do solo das espécies

**h) A biomassa acima do solo e as reservas de carbono do sítio de estudo VIII:**

A biomassa mínima e máxima do AGB no local de estudo VIII foi de 16,6 ton/ha e 233,3 ton/ha, respetivamente, com uma biomassa média de 86,4 ton/ha e as reservas médias de carbono do AGC foram de 43,2 ton/ha com um dióxido de carbono acima do solo de 158,5 ton/ha. 3,3 ton/ha e 46,6 ton/ha foram o mínimo e o máximo de BGB no local de estudo, respetivamente, com uma biomassa média de 17,3 ton/ha e o stock médio de carbono de BGC foi de 8,6 ton/ha com dióxido de carbono abaixo do solo de 31,7 ton/ha (Anexo: 4).

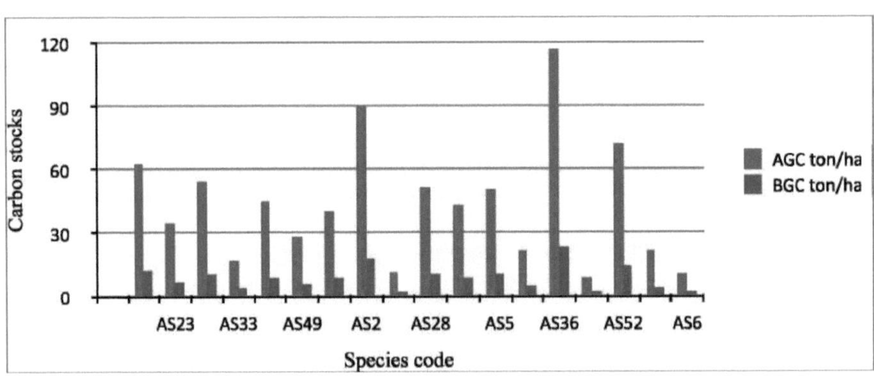

**Figura: 4.10.** Reservas de carbono acima e abaixo do solo das espécies

**i) A biomassa acima do solo e as reservas de carbono do sítio de estudo IX:**

A biomassa mínima e máxima de AGB no local de estudo IX foi de 19,1 ton/ha e 354,1 ton/ha, respetivamente, com uma biomassa média de 119,9 ton/ha e as reservas médias de carbono de

AGC foram de 60 ton/ha com dióxido de carbono acima do solo de 220,1 ton/ha. O BGB médio foi de 23,9 ton/ha, com a biomassa mínima e máxima de 3,8 ton/ha e 70,8 ton/ha, respetivamente, com uma média de reservas de carbono de 12 ton/ha e um dióxido de carbono abaixo do solo de 44 ton/ha (Anexo 4).

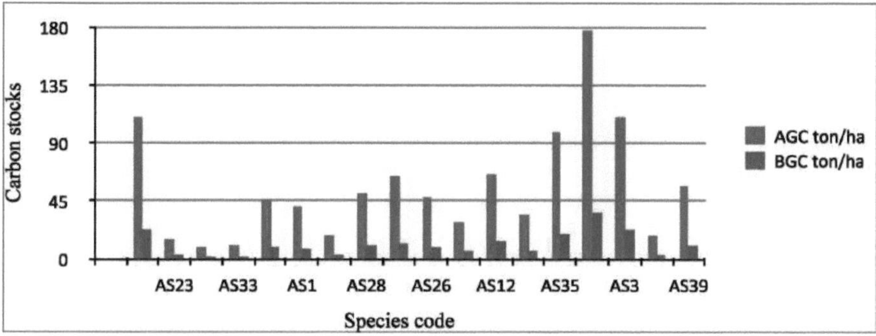


**Figura: 4.11.** Reservas de carbono acima e abaixo do solo das espécies

**j) A biomassa acima do solo e as reservas de carbono do sítio de estudo X:**

Com base nos resultados obtidos, a biomassa mínima e máxima de AGB no local de estudo X foi de 11,3 ton/ha e 559,6 ton/ha, respetivamente, com uma biomassa média de 113,2 ton/ha e uma média de reservas de carbono de AGC de 56,6 ton/ha, com um dióxido de carbono acima do solo de 207,6 ton/ha. O BGB mínimo e máximo foi de 2,9 ton/ha e 111,9 ton/ha, respetivamente, com uma biomassa média de 30,3 ton/ha e as reservas médias de carbono do BGC foram de 11,3 ton/ha, com um dióxido de carbono abaixo do solo de 41,5 ton/ha.

(Apêndice: 4)

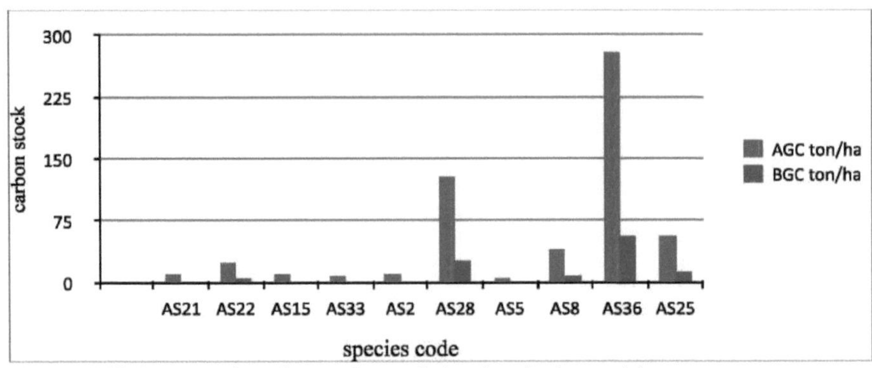

**Figura: 4.12.** Reservas de carbono acima e abaixo do solo das espécies

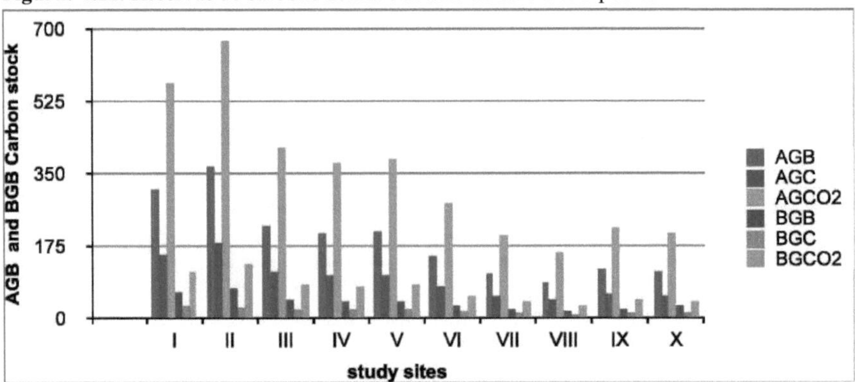

**Figura: 13.** Estoques de carbono no total dos locais de estudo

### 4.1.2. Reservas de carbono na folhada

A análise laboratorial da concentração de carbono na folhada das parcelas de amostragem apresentou um mínimo de 39,62% (local de estudo IV) e um máximo de 54,15% (local de estudo I), mostrando uma variação. A concentração média de carbono na folhada em todas as parcelas de amostragem da área de estudo foi de 48,9% (Anexo: 5). A média mínima e máxima da reserva de carbono na folhada morta foi de 0,39 e 2,03 toneladas/ha para os locais de estudo III e V, respetivamente. A média da reserva total de carbono da biomassa da folhada nos locais de estudo foi de 0,9 toneladas/ha. A média do dióxido de carbono da folhada foi de 3,282 ton/ha.

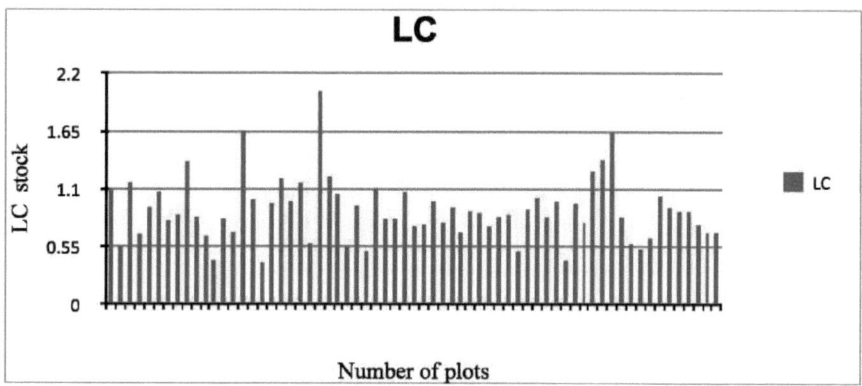

**Figura: 4.14.** Carbono de folhada em cada parcela

### 4.1.3. Stock de carbono no solo

O teor de carbono do pool de carbono do solo variou entre um armazenamento mínimo de 60,9 ton/ha e um máximo de 147,1 ton/ha. O estoque médio de carbono no solo da área de estudo foi de 108,9 ton/ha e este estoque de carbono no solo sequestrou um valor médio de CO2 de 399,7 ton/ha, o que mostra uma grande quantidade de CChcaptado no solo. A densidade aparente do solo variou entre 0,95 g cm-$^{3}$ de valor mínimo e 1,26 g cm-$^{3}$ de valor máximo. Por outro lado, 11,5 g cm-3 foi a densidade aparente média do solo (Apêndice: 6).

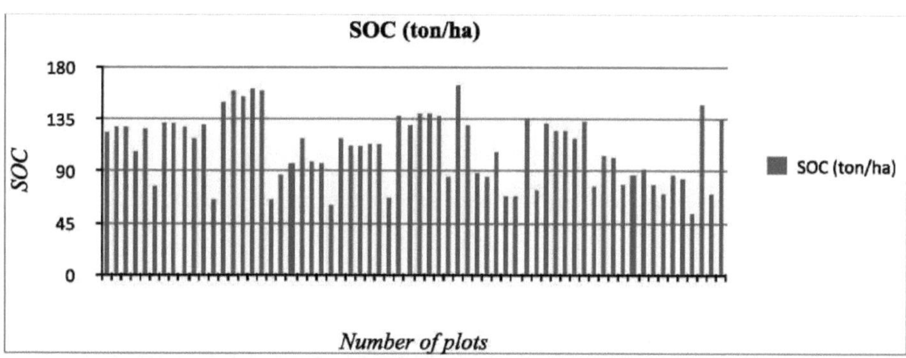

**Figura: 4.14. SOC** em cada parcela

### 4.1.4. Reservas totais de carbono nos reservatórios de folhada e de solo

O carbono total armazenado nas poças de folhada e de solo da área de estudo nas 65 parcelas de amostragem

foi de 109,8 ton/ha. Isto indica que a área de estudo tem potencial para sequestrar uma grande quantidade de carbono (Anexo: 9).

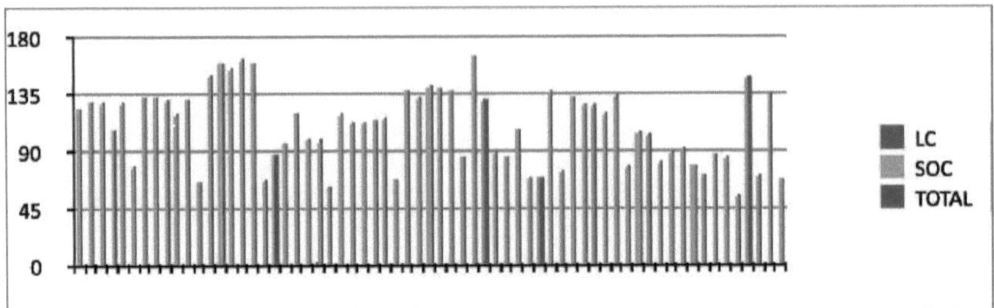


**Figura: 4.15.** Stocks totais de carbono em 65 parcelas

### 4.1.5. Estoques de lixo e carbono do solo ao longo das classes de altitude

O stock médio de carbono da folhada e do solo responde de forma diferente ao longo do gradiente altitudinal nos locais de estudo (Tabela: 4.2). A reserva de carbono na folhada foi mais elevada nas classes de altitude média (0,98 ton/ha) do que nas outras duas classes e a classe de altitude mais baixa contém maior quantidade de SOC (116,6 ton/ha) do que quaisquer outras duas classes. Como um todo, a parte mais elevada da altitude contém menos quantidades de reservas de carbono tanto em LC como em SOC (Anexo: 8). Mas não se verificou uma diferença muito significativa (F=3,045, P=0,055) para o SOC e (F=0,438, P=0,648) para as reservas de carbono da folhada.

| Altitude Class | Altitude range(m.a. s.l) | No of Study site | LC(ton/ha) | SOC(ton/ha) |
|---|---|---|---|---|
| Lower | 2351 - 2407 | 4 | 0.85 | 116.6 |
| Middle | 2408– 2504 | 3 | 0.98 | 99.2 |
| Higher | 2505-2520 | 3 | 0.86 | 109.2 |

**Tabela: 4.2.** Estoques médios de carbono do solo e da folhada morta em diferentes classes de altitude.

### 4.1.6. Existências e aspectos do lixo e do carbono do solo

O aspeto foi outro parâmetro que afecta a reserva de carbono dos locais de estudo. Com base nos resultados, o maior stock de carbono foi registado no aspeto sul para a biomassa da folhada e no aspeto NW para o SOC. Por outro lado, a menor quantidade de carbono foi registada no aspeto ocidental, tanto para a biomassa da folhada como para o carbono do solo. Tal como a altitude, não se registou uma diferença significativa entre os diferentes aspectos (F=1,689, P=0,140) para o SOC e (F=0,139, P=0,990) para as reservas de carbono da folhada (Quadro 4.3).

| ***Aspect*** | ***No of Plots*** | ***LC (ton/ha)*** | ***SOC (ton/ha)*** | ***Total*** |
|---|---|---|---|---|
| S | 19 | 0.888 | 106.1283 | 107.0166 |
| SW | 18 | 0.916 | 122.0295 | 122.9455 |
| SE | 15 | 0.926755 | 98.4388 | 99.36556 |
| N | 1 | 0.78212 | 84.375 | 85.15712 |
| NW | 4 | 0.869936 | 129.5595 | 130.4294 |
| E | 1 | 0.869299 | 84.96 | 85.8293 |
| NE | 7 | 0.8185 | 100.4511 | 101.2696 |
| W | 0 | 0 | 0 | 0 |

**Tabela: 4.3.** Média das reservas de carbono da folhada e do solo em diferentes aspectos

### 4.1.7. Comparação das reservas médias de carbono entre dez locais de estudo selecionados

Os potenciais de stock de carbono de cada área de estudo variam de local para local devido à sua cobertura de área (Anexo: 2). Com base nos resultados, os potenciais de stock de carbono dos locais de estudo I e II foram superiores aos dos outros locais em termos de quantidade de stock de carbono acima e abaixo do solo. Por outro lado, o potencial de armazenamento de carbono do local VIII foi inferior ao dos restantes locais de estudo, tanto em termos de AGC como de BGC. Por conseguinte, os sítios I e II têm um potencial de sequestro de carbono mais elevado do que os restantes sítios de estudo, ao passo que o sítio VIII tem um baixo potencial de armazenamento de carbono.

| Study site | AGC | BGC | LC | SOC | Total |
|---|---|---|---|---|---|
| I | 155.47 | 31.09 | 0.89 | 117.1 | 304.55 |
| II | 183.20 | 26.24 | 0.82 | 120.3 | 330.56 |
| III | 112.87 | 20.14 | 0.98 | 131.1 | 265.09 |
| IV | 103.06 | 20.61 | 1.1 | 99.9 | 224.67 |
| V | 105.31 | 21.84 | 0.88 | 112.1 | 240.13 |
| VI | 76.32 | 15.26 | 0.83 | 125.9 | 218.31 |
| VII | 55.21 | 11.04 | 0.79 | 89.6 | 156.64 |
| VIII | 43.20 | 8.64 | 0.83 | 118.2 | 170.87 |
| IX | 59.97 | 11.99 | 0.98 | 87.2 | 160.14 |
| X | 56.58 | 11.316 | 0.84 | 91.6 | 160.336 |

**Tabela: 4.4.** O resumo do stock médio de carbono total em todos os locais de estudo.

# CAPÍTULO 5

## Discussão

### 5.1 Composição florestal

As igrejas selecionadas para este estudo apresentam uma elevada diversidade de espécies devido ao facto de as igrejas serem obviamente conhecidas pelas suas práticas e culturas de conservação de árvores indígenas e exóticas nas suas imediações, bem como nos seus arredores. As florestas nos locais de estudo eram compostas por espécies diversificadas de árvores exóticas e indígenas com diferentes distribuições de DAP e altura. A composição da floresta das igrejas variava de igreja para igreja, o que poderia dever-se à sua área de cobertura, densidade, topografia, variações altitudinais, à sua gestão e à taxa de replantação de novas plântulas no seu território. Por conseguinte, a variação na densidade do carbono armazenado pode dever-se à presença desses factores nos locais de estudo. Foi registado um total de 52 espécies arbóreas diferentes e, destas, *Eucalptus globulus, Juniperus procera, Olea africania, Cupressus lusitanica e Pinus radiata* foram as espécies arbóreas lenhosas mais dominantes registadas na maioria dos locais de estudo. A biomassa média acima do solo do presente estudo foi comparável a outras investigações efectuadas na mesma área temática. Por exemplo, a biomassa global acima do solo em florestas tropicais secas e húmidas variou entre 30-273 t ha-1 e 213- 1173 t ha-1, respetivamente (Murphy e Lugo, 1986). A biomassa acima do solo nas florestas do Brasil amazónico variou entre 290 e 495 t ha-1 (AlveseZ *al.,* 1997). Da mesma forma, a biomassa acima do solo relatada no presente estudo (9,8 - 891,3 t ha-1) está dentro da gama relatada para várias florestas tropicais secas e húmidas, florestas mistas e de crescimento antigo e florestas tropicais húmidas sempre verdes (Bandhue/ *al.,* 1973, Huttel e Bernhard-Reversat, 1975; Huttel, 1975; Kira, 1978, citado em Brown e Lugo, 1982; Brown, 1997). Houghton (1999) e Defries *et al.* (2002) registaram 55 t ha-1 C para a floresta tropical seca e 301 ha-1 C para a floresta aberta em países da África subsariana. Os resultados registados nos locais de estudo VII e X foram semelhantes aos resultados registados por Houghton (1999) e Defries *et al.* (2002) para a floresta aberta da África subsariana. O maior stock de carbono na biomassa acima do solo no local de estudo pode estar relacionado com a maior densidade de árvores. A biomassa abaixo do solo também foi comparável a estes resultados.

A média mais elevada de carbono acima do solo foi registada no local de estudo II, que foi de 183,2 toneladas/ha. Este facto pode estar relacionado com o maior número de árvores. A média mais baixa de carbono acima do solo foi observada no local de estudo VIII (43,2 ton/ha). Este facto pode dever-se à presença de um pequeno número de árvores, com diâmetro reduzido e densidade de árvores na área. O carbono abaixo do solo apresenta um padrão semelhante, sendo mais elevado no local de estudo II e mais baixo no local de estudo III, devido ao facto de o carbono abaixo do solo representar cinquenta (50%) da biomassa abaixo do solo.

O stock de carbono de folhada morta que foi estimado nas florestas da igreja de Adis Abeba variou entre 3,37 e 7 t/ ha (Tulu Tolla, 2011). De acordo com (Brown e Lugo, 1982), a queda de folhada em florestas tropicais secas varia entre 2,52 e 3,69 t ha-1/ano. O carbono médio da folhada no presente estudo foi de 0,9 ton/ha, o que indica valores mais baixos em comparação com outros estudos. A quantidade de folhada caída e a sua reserva de carbono na floresta podem ser influenciadas pela vegetação florestal (espécie, idade e densidade) e pelo clima (Fisher e Binkly, 2000). Assim, o stock de carbono mais baixo no conjunto de folhada pode provavelmente dever-se a uma pequena quantidade de queda de folhada (Adugna Feyissa, 2011).

A principal razão para a baixa quantidade de lixo nos locais de estudo pode ser o facto de os detritos caídos serem sempre limpos para fins de saneamento dentro do complexo.

No presente estudo, a densidade aparente média do solo examinado foi elevada, 1,14 gm/cm$^3$ , variando entre 0,95 e 1,26 gm/cm$^3$ com um valor médio de 108,9 ton/ha de carbono orgânico armazenado, o que indica que o local de estudo tinha um elevado teor de matéria orgânica no solo. O maior estoque médio de SOC pode ser devido à presença de alta SOM e rápida decomposição de lixo, o que resulta no armazenamento máximo de estoque de carbono (Sheikh *et al.*, 2009).

## 2. Stocks de carbono ao longo da Altitude e Aspeto

A altitude e o aspeto foram as duas principais variáveis que afectam as reservas de carbono dos diferentes reservatórios. Os gradientes altitudinais estão entre as "experiências naturais" mais poderosas para testar as respostas ecológicas e evolutivas do biota às alterações ambientais (Cui *et al.*, 2005; Fang *et al.*, 2004; Komer, 2007). A densidade média de carbono na folhada do presente estudo não mostrou um padrão claro no que respeita ao gradiente altitudinal. Assim, a densidade de carbono da folhada dos diferentes locais de estudo apresentou um pico relativo na classe de altitude média, o que significa que a reserva de carbono na CL foi mais elevada na classe de altitude média e que foi registado um carbono mais baixo na folhada no gradiente de altitude mais elevado, o que não foi estatisticamente significativo.

Por outro lado, o carbono orgânico do solo foi mais elevado no gradiente altitudinal mais baixo e o carbono orgânico do solo mais baixo foi registado nas classes altitudinais mais elevadas, tal como acontece com as reservas de carbono da folhada. De um modo geral, o carbono orgânico do solo no presente estudo também registou uma tendência semelhante à do carbono da folhada, não apresentando um padrão claro, tendo-se observado que era mais baixo a meio, sem relação estatisticamente significativa. Globalmente, a densidade do SOC aumentou com a precipitação e o teor de argila e diminuiu com a temperatura (Jobbagy e Jackson, 2000), o que foi confirmado à escala regional e local (Wang *et al.*, 2004; Yang *et al.*, 2007).

Da mesma forma, o aspeto também pode ter efeito sobre o stock de carbono das florestas nos diferentes reservatórios de carbono. De acordo com (Sharma *et al.* 2011), também foi revelado que existem maiores quantidades de SOC nos aspectos mais frios e húmidos do norte. Apesar do facto de, na maioria dos estudos, ter sido encontrada uma maior quantidade de carbono orgânico do solo no aspeto norte, neste estudo específico a maior quantidade de carbono armazenado foi registada no aspeto sudoeste. Isto pode dever-se ao facto de o padrão paisagístico de cada igreja, no que diz respeito à sua floresta, ser diferente do das florestas naturais. O SOC mais baixo foi encontrado no aspeto ocidental, seguido do aspeto norte.

O carbono da folhada também seguiu um padrão semelhante ao do carbono orgânico do solo. De acordo com Sharma *et al.* (2011), as florestas que crescem nos aspectos meridionais estão geralmente expostas a várias perturbações naturais, como a queda de vento. Assim, a presença de uma elevada queda de vento nos aspectos meridionais poderia provavelmente ser a causa de valores mais elevados de biomassa de folhada e de carbono nos aspectos meridionais. Além disso, a ausência de uma taxa de decomposição elevada da folhada nas vertentes meridionais pode contribuir para a presença de uma biomassa e de um carbono elevados do que nas vertentes setentrionais. Do mesmo modo, as reservas de biomassa e de carbono da folhada no presente estudo registaram valores mais elevados nos aspectos meridionais do que nos aspectos setentrionais. Em geral, a disposição das reservas de carbono, tanto no carbono da folhada como no carbono orgânico do solo, do menor para o maior valor foi a seguinte: Para as reservas de carbono orgânico do solo e da folhada; W<N<E<NW<NE<SW<SE< S.

# CAPÍTULO 6

## Conclusões e recomendações

### 6.1. Conclusão

No presente estudo, foi identificado um total de 52 espécies de árvores, o que indica a presença de espécies diversificadas nos locais de estudo. Destas espécies, *Eucalyptus globulus* teve a maior densidade e *Casimiroa edulis, Dodonaea angustifolia, Euclea divinorum* e *Maesa lanceolata* tiveram a menor densidade. A quantidade de biomassa e de reservas de carbono por espécie foi variada. A disposição do DAP e da altura das árvores indica a distribuição das plantas em relação às condições ambientais favoráveis. A análise dos estoques de carbono na serapilheira e nos reservatórios de carbono do solo das igrejas estudadas mostrou estoques de carbono diferentes em cada parcela de amostragem.

A média das reservas de carbono no presente estudo foi mais elevada, o que indica o papel das florestas da igreja na atenuação das alterações climáticas. O armazenamento das reservas de carbono em cada local de estudo variou devido à diversidade e composição das espécies de árvores, à cobertura da área e ao aspeto da gestão. As reservas de carbono acima e abaixo do solo nos sítios I e II foram mais elevadas do que nos restantes sítios de estudo devido à cobertura de uma área com poucas espécies. Por outro lado, as reservas de carbono da igreja VIII eram mais baixas. A altitude e o aspeto foram as duas variáveis ambientais que alteraram as reservas de carbono da área de estudo. O carbono armazenado na folhada foi mais elevado nas classes altitudinais médias e o carbono orgânico do solo foi mais elevado nos gradientes altitudinais mais baixos, sem diferença estatística significativa. Verificou-se que a reserva de carbono era mais elevada na direção sul para o conjunto de carbono da folhada. A maior reserva de carbono foi encontrada na parte noroeste da área de estudo para a reserva de carbono do solo. Por outro lado, foi registada uma menor quantidade de carbono no aspeto ocidental, tanto para o carbono orgânico da folhada como para o carbono orgânico do solo. Em geral, este estudo revelou que os diferentes factores variaram nos diferentes locais de estudo e que estes factores podem contribuir de forma diferente em cada uma das igrejas estudadas.

## 6.2. Recomendações

Para manter as florestas no local de estudo, é necessária a sensibilização dos académicos da igreja para as questões relacionadas com o carbono florestal, a atribuição de um prémio ambiental à igreja e o apoio financeiro ao serviço ambiental prestado pelas florestas da igreja.

> A comunidade, o governo e as suas instituições devem desempenhar os seus papéis e responsabilidades fundamentais no reforço e na correção das lacunas e na criação de mecanismos integrados de conservação e utilização sustentável dos recursos florestais para os locais de estudo.

As áreas de estudo são altamente dominadas por espécies de árvores exóticas. Por conseguinte, a área tem de ser replantada com árvores indígenas que melhor se adaptem à área de estudo.

> O presente estudo limitou-se à estimativa do stock de carbono, pelo que se recomendam mais estudos sobre a composição, diversidade, estrutura das plantas lenhosas e sistema de gestão do uso do solo na área de estudo.

> Com base nas conclusões, a floresta tem de ser gerida para as diversidades biológicas encontradas na área e para o sequestro de carbono e a ecologização urbana.

## Referências

Adams, *et al.*, 1993. Sequestro de carbono em terras agrícolas: A Preliminary Analysis of Social Cost and Impacts on Timber Markets. *Contemporary Policy Issues* 11 (janeiro)

Governo da cidade de Adis Abeba.2002. Plano de desenvolvimento da cidade 2001-10 Resumo executivo. Adis Abeba, Etiópia.

Adugna Feyissa. 2012. Stocks de carbono florestal e variações ao longo de gradientes ambientais na floresta de Egdu: Implications of Managing Forests for Climate Change Mitigation (Implicações da gestão das florestas para a mitigação das alterações climáticas). Tese de

Mestrado não publicada, Universidade de Adis Abeba, Adis Abeba.

Alemayehu Wassie. 2002. *Opportunities, Constraints and Prospects of the Ethiopian Orthodox Tewahido Churches in Conserving Forest Resources:* The Case of Churches in South Gonder, Northern Ethiopia.

Allen, R.B; Plat, K.H; e Wiser S.K. 1995.Biodiversity in New Zealand plantations JVew *Zealand Forestry* **39(4):** 26-29.

Alves, L. F., Vieira, S. A., Scaranello, M. A., Camargo, P. B., Santos, F. A. M., Joly, C. A. e Martinelli, L. A. 2010. Estrutura florestal e variação da biomassa viva acima do solo ao longo de um gradiente de elevação da floresta tropical úmida atlântica (Brasil). *Forest EcologyManagement* **260:679-691.**

Anderson, J.M. e T. Spencer. 1991. Carbon, nutrient and water balances of tropical rain forest ecosystems subject to disturbance: management implications and research proposals, UNESCO, Paris, pp.95.

Andrasko, K. 1990. Climate Change and Global Forests: Current Knowledge of Potential Effects, Adaptation and Mitigation Options. FAO, Departamento Florestal, Roma.

Anon. 2010. Comunicado de imprensa do Governo escocês de 05/03/2010, acedido em http:// www. Scotland. gov.uk/News/Releases/2010/03/05131411

Anónimo. 1992. United Nations Framework Convention on Climate Change, UN EP/WMP Information Unit on Climate Change, Climate Change Secretariat, Palais des Nations, Genebra, Suíça, pp. 29.

AzeneBekele. 1993. *Useful Trees and Shrubs for Ethiopia'.* Identificação, Propagação e

Baker, T. R., Philips, O. L., Malhi, Y, Almeida, S., Arroyo, L. e Di Fiore, A. 2004. A variação na densidade da madeira determina padrões espaciais na biomassa florestal da Amazónia. *Global ChangeBiologylO:* 545-562.

Bass, S., Dubios, O., Mauro Costa, P., Pinard, M., Tipper, R., e Wilson, C. *2000.Rural livelihoods and carbon management'.* IIED natural resource issued paper.

Batjes, Bruce McCarl e N.H. 1999. Opções de gestão para reduzir o $CO_2$

na atmosfera através do aumento do sequestro de carbono no solo. Programa Nacional de Investigação dos Países Baixos sobre Poluição Atmosférica Global e Alterações Climáticas e Documento Técnico 30 410-200-031, *Centro Internacional de Referência e Informação sobre Solos,* Wageningen, pp.114.

Batjes, N.H. e Sombroek, W.G. 1997. Possibilidades de sequestro de carbono em florestas tropicais

e

Bayat, T. A. 2007. Carbon Stock in an Apennine Beech Forest.M.Sc. Tese, Universidade de Twente, Enschede, Países Baixos.

Bhishma, P. S., Shiva, S. P., Ajay, P., Eak, B. R., Sanjeeb, B., Tibendra, R. B., Shambhu, C., e Rijan, T. 2010. Medição do stock de carbono florestal: Guidelines for measuring carbon stocks in community-managed forests.Fundedby Norwegian Agency for Development Cooperation (NORAD). Publicação da Rede Asiática para a Agricultura Sustentável e os Recursos Biológicos (ANSAB), Katmandu, Nepal, pp. 17-43.

Bielicki, J. M., e Kalinowski, A. 2007 getting it done in, Nicholls, T., (ed.) (First Edition) *Fundamentals of Carbon Capture Storage and Storage Technology,* (Londres, Reino Unido: The Petroleum Economist Limited, pp. 37. Bolin, Bert, *et al.,* 1996. *Climate Change 1995: Second Assessment Report of theIntergovernmental Panel on Climate Change* (IPCC).

Cambridge: Cambridge University Press.

Bolin, Bert, et al. 1996. *Climate Change 1995: Second Assessment Report of the Intergovernmental Panel on Climate Change* (IPCC). Cambridge: Cambridge University Press.

Bowling, J. 2002. Climate Change and Forest Carbon Sequestration, WWF International, Reino Unido.

Branch, O. 2010. Avaliação dos stocks de carbono do solo na sub-bacia hidrográfica de Mae SaNoi. Tese de Mestrado, Universidade de Hohenheim, Estugarda, Alemanha.

Broadmeadow, M. e Robert, M. *2003.Forests, Carbon and Climate Change: The UK Contribution.* Forestry Commission Bulletin 125. Forestry Commission, Edinburgh.

Brown S. e Bumham M. 2000.Issues and challenges for forest-based carbon-offset projects: Um estudo de caso do projeto de ação climática Noel Kempff na Bolívia. *Mitigation and Adaptation Strategies for Climate Change5:99-\2\.*

Brown, S. 1997. Estimating Biomass and Biomass Change of Tropical Forests: A Primer. Documento Florestal da FAO, Roma 134: 55.

Brown, S. 1998. Present and Future Role of Forests in Global Climate Change. *Ecology Today:* An Anthology of Contemporary Ecological Research. B. Goapl, P.S. Pathak, e K.G. Saxena, eds., Nova Deli, pp. 59-74.

Brown, S. A. J., Gillespie, J. R. e Lugo, A. E. 1989. Biomass estimation methods for tropical forests with application to forest inventory data (Métodos de estimativa de biomassa para florestas tropicais com aplicação a dados de inventário florestal). *Forest Science,* 35(4): 881-902.

Brown, S. L., Schroeder, P. E. e Kern, J. S. 1999.Spatial distribution of biomass in forests of the eastern *USA.Forest Ecology Management* **123:** 81-90.

Brown, S., Sathaye, J., Cannell, M., Kauppi, P.E. 1996.Management of forests for mitigation of greenhouse gas emissions.In: *Watson, R.T., Zinyowera, M.C., Moss, R.H. (Eds.), Climate Change (199).* Impacts, Adaptations and Mitigation of Climate Change, Scientific Analyses.Contribuição do Grupo de Trabalho II para o Segundo Relatório de Avaliação do Painel Intergovernamental sobre Alterações Climáticas. Cambridge University Press, Cambridge, pp. 773-798.

Bruce McCarl, James P., Hoesung Lee, e Erik F. Haites.1995. *Climate Change:* Economic and Social Dimensions of Climate Change. Contribuição do Grupo de Trabalho III para o Segundo Relatório de Avaliação do Painel Intergovernamental sobre Alterações Climáticas. Nova Iorque: Cambridge University Press.

Cairns, M.A., Olmsted, L, Granados, J. e Argaez, J.2003. Composição e biomassa arbórea acima do solo de uma floresta seca semi-perene na Península de Yucatán, no México. *Forest Ecology and Management* **186:***125-132.*

Calmel, M., Martinet, A., Grondard, N., Dufour, T., Rageade, M. e Ferte-Devin, A. 2010. *REDD+ à escala do projeto'.* Guia de avaliação e desenvolvimento. ONF Internacional. Paris,

Carter J 1995: The potential of urban forestry in developing countries: a concept paper (O potencial da silvicultura urbana nos países em desenvolvimento: um documento concetual). Organização das Nações Unidas para a Alimentação e a Agricultura (FAO), Roma, Itália.

CCB-AR-PDD.2009. (CCB-AR-PDD) Formulário de documento de conceção de projeto de normas climáticas, comunitárias e de biodiversidade para actividades de projeto de florestação e reflorestação. Projeto de Regeneração Natural Assistida de Humbo Etiópia, Etiópia.

Chan Y 2008, increasing soil organic carbon of agricultural land - PrimeFact 735, NSW Department of Primary Industries (Jan 2008) pp. 8.

Chan, Y.H. 1982. Storage and release of organic carbon in Peninsular Malaysia, *International Journal of Environmental Studies'!#:* 211 -222.

David J. Nowak, Daniel E. Creme 2001.Carbon storage and sequestration by urban trees in the USA,USDA Forest Service, Northeastern Research Station, 5 Moon Library, SUNY-ESF, Syracuse, NY 13210, USA

Dixon, R.K., Houghton, R.A., Solomon, A.M., Trexler M.C., e Wisniewski J. 1994. Carbon pools and flux of global forest ecosystems. *Science* **263:** 185-190.

DWYER, J.F e NOWAK, D.J. 2000.^4 *avaliação nacional da floresta urbana: An overview.* Convenção Nacional da Society of American Foresters 1999, Portland, Oregon, outubro de 1999, p. 157-162.

ECS.2009. *Investment and Market Development in Carbon Capture and Storage:* The Role of Energy Charter Treaty.

Edwards, S. e Hedberg. 1989. *Flora of Ethiopia, vol 3.* Addis Ababa e Asmara, Etiópia e Uppsala, Suécia.

Edwards, S., Mesfin Tadesse, Sebsebe Demissew e Hedberg, I. 2000. *Flora of Ethiop and Eritrea, Istedn, Volume 2, Parte* 7: Addis Ababa, Etiópia e Uppsala, Suécia.

Edwards, S., Mesfin Tadesse.e Hedberg, I. 1995. *Flora of Ethiopia and Eritrea:* volume 2, parte 2. Addis Ababa, Etiópia e Uppsala, Suécia.

EFAP. 1994. Ethiopian Forestry Action Program and Environmental Protection, Addis Abeba, Etiópia.

EFAP. 1994. Programa de Ação Florestal da Etiópia: The challenge for development. Relatório Final, Volume II, Ministério do Desenvolvimento dos Recursos Naturais e da Projeção Ambiental, Adis Abeba.

EPA. 2008. The Forest Carbon Partnership Facility (FCPF) Readiness Plan Idea Note (R- PIN) Template. Um documento apresentado ao Banco Mundial para participar no Mecanismo de Parceria para o Carbono Florestal dos Bancos Mundiais, Adis Abeba, Etiópia.

Evans, J. 1990. Plantation Forestry in the Tropics. Clarendon Press, Oxford. IPCC. 2000. *Relatório Especial sobre Cenários de Emissões.* Cambridge: Cambridge University Press. 570.

FAO. 2004. Carbon sequestration in dryland soils (Sequestro de carbono em solos de terras secas). *World Soil Resources Reports,* 108.

FAO. 2005. Global Forest Resources Assessment, Progress towards sustainable forest management. Obtido em março de 2010, em www.fao.org

FAO.1997. Estimating biomass and biomass change of tropical forests: A Primer, Roma, Itália *FAO Forestry Paper* **134:**110-120.

Fasil Demeke. 2003. Relatório sócio-económico (PRA) da Floresta do Mosteiro de Ziqualla. Projeto de Conservação dos Recursos Genéticos Florestais do IBCR-GTZ (FGRCP)

FDRE. 2001. *Initial National Communication of Ethiopia to the United Nations Framework Convention on Climate Change (UNFCCC).* Ministério dos Recursos Hídricos, Agência Nacional de Serviços Meteorológicos, Adis Abeba, Etiópia.

Fisher, R.F. 1995. Matéria orgânica do solo: pista ou enigma? In: McFee, WW, Kelly, J.M. (Eds.),

*Carbon Forms and Functions in Forest Soils:* Soil Science Society American, Madison, WI, pp. 1-12.

Freestone, D., e Streck, C. 2OO9.ZegaZ *Aspects of Carbon Trading:* Kyoto, Copenhagen, and beyond, First Edition, (Londres, Reino Unido; Oxford University Press, 2009). Watchman, P. Q., Introdução, em Watchman, P. Q., (Primeira edição), *Climate Change: A Guide to Carbon Law and Practice:* The adverse
os efeitos das alterações climáticas já se fazem sentir a nível mundial, como se pode verificar por acontecimentos extremos como inundações, vagas de calor, furacões, tornados, tufões, subida do nível dos mares e dos rios, aquecimento global, poluição atmosférica e degelo dos glaciares, pp. 7-22.

Gairola, S., Sharma, C. M., Ghildiyal, S. K. e Sarvesh Suyal. 2011. Biomassa de árvores vivas e variação de carbono ao longo de um gradiente altitudinal em encostas de vales temperados húmidos dos Himalaias de Garhwal (Índia). Departamento de Botânica, Universidade HNB Garhwal, Srinagar Garhwal 246 174, Índia.

Ganthany, M. A. 2004. Sources of Variation in Ecosystem Carbon Pools: A Comparison of Adjacent Old-And Second-Growth Forests. Tese de Mestrado, Universidade de Ohio, Pp. 11-14.

Garten, C. T. and Hanson, P. J. 2OO6.Measured forest soil C stocks and estimated turnover times along an elevation gradient.*Geoderma* 136:342-352.

Geider, J. R., Delucia, H. E., Falkowsk, G. P., Finzi, C. A., Grime, P. J., Grace, J., Kana, M. T., Roche, J. (2001). *Primary productivity of planet earth:* biological determinants and physical constraints in terrestrial and aquatic habitats. *Global Change biology, 1:* 849-882.

Getachew Tesfaye 2007. Estrutura, biomassa e produção primária líquida numa floresta tropical seca afro-montana na Etiópia. Instituto de Fisiologia Vegetal, Universidade de Bayreuth, Alemanha.

Getnet Masresha 2011. Estado e diversidade de espécies vegetais da floresta de Alemsaga, Farta Woreda, Gondar do Sul, Etiópia.

Gill,S.E., *et al.,*2007. Adaptação das cidades às alterações climáticas: The role of the green *infrastructureEnvironment* **33** (1): 115-133.

Gorte, R.W., 2009. "Carbon Sequestration in Forests", Serviço de Investigação do Congresso; 7-5700;www.crs.gov; RL31432http://www.fas.org/sgp/crs/misc/RL31432.pdf

GRDC 2009 *Carbon farming* (fact sheet), Grains Research and Development Corporation, http://www.grdc.com.au/uploads/documents/ GRDCCarbonFarming 4pp.pdf

Grubb, M., M. Koch, A. Munson, F. Sullivan, K. Thomson 1993. The Earth Summit agreements^

*guide and assessments*. Earth scans Publications Ltd., Londres, pp. 180.

Gundimedia, H. 2004. Quão "sustentável" é o "objetivo de desenvolvimento sustentável" do MDL em países em desenvolvimento como a Índia? *Forest Policy and Economics^*. 329-343.

Hairiah, K., Sitompul, S. M., Noordwijk, M. e Palm, C. 2001.Methods for sampling carbon stocks above and below ground.Intemational Centre for Research in Agroforestry. Programa Regional de Investigação do Sudeste Asiático, Bogor, Indonésia, pp. 10-15.

Hamburg SP, Harris N, Jaeger J, Karl TR, McFarland M, Mitchell JFB, Oppenheimer M, SanterS, Schneider, S. Trenberth KE Weigley TML 1997. Perguntas comuns sobre as alterações climáticas.

Han, X. F., Plodinec, J. M, Yi Su, David, L., Monts, L. D. e Li, Z. 2007. Terrestrial carbon pools in southeast and south-central United States. Instituto de Tecnologia de Energia Limpa (ICET), Universidade Estadual do Mississippi, EUA. *Alterações Climáticas* 84:191-202.

Harmon. M.E. 2006. Atmospheric Carbon Dioxide. Em *Forests, carbon and climate change: A synthesis of science findings*. Instituto de Recursos do Oregon, Portland,

Harper, R. J., Smettem, K. R. J. e Tomlinson, R. J. 2005. Utilização de dados do solo e climáticos para o desempenho das árvores, sequestro de carbono e potencial de recarga à escala da bacia hidrográfica. *Jornal Australiano de Agricultura Experimental* **45:** 1389-1401.

Heath, L., Smith, J., Skog, K., Nowak, D., e C. Woodall. 2011. Estimativas de carbono florestal gerido para o inventário de gases com efeito de estufa dos EUA, 1990-2008. Journal of Forestry, 109(3): 167-173.

Heath, Linda S., Richard A. Birdsey, Clark Row e Andrew J. Plantinga.1996. Carbon Pools and Flux in U.S. Forest Products. Serviço Florestal do USDA, Estação de Investigação do Nordeste, Durham, NH.

Henry, M. 2010. Carbon stocks and dynamics in Sub Saharan Africa. Dissertação de doutoramento em Florestologia, Universidade de Tuscia, Instituto de Tecnologia de Paris para as Ciências da Vida, da Alimentação e do Ambiente (AgroParis Tech), Paris, França, Pp. 43-47.

Herzog, H. J. 2001. What Future for Carbon Capture and Sequestration? *American Chemical Society journal.XJ.S.* Government Printing Offices, Washington, DC. Edição especial 735:148 A- 153 A.

Houghton, R. A. 2005. *Tropical Deforestation and Climate Change* (Mutinho and Schwartzman eds) (Belém: IPAM) .Instituto de Pesquisa Ambiental da Amazônia, Pp. 13-21. http://www.pfrnpfarmsos.org/Publication.html.

Intergovernmental Panel on Climate Change (1992) *Workshop statement for Carbon Balance on*

*World's Forested Ecosystems:* Towards a Global Assessment, Proc. Intergovernmental Panel on Climate Change Work shop, Joensuu, Finlândia.

Painel Intergovernamental sobre as Alterações Climáticas 2000. Land Use, Land Use Change and Forestry. *Special Report, Inter-Governmental Panel on Climate Change.* Cambridge University Press, Cambridge, Reino Unido, pp. 127-180.

Painel Intergovernamental sobre as Alterações Climáticas *2WYI.Climate Change". Grupo de Trabalho I:* The Scientific Basis. Cambridge University Press, Nova Iorque.

Painel Intergovernamental sobre as Alterações Climáticas 2007.*Mitigation of Climate Change: Relatório do Grupo de Trabalho HI:* Cambridge: Cambridge University Press.

Painel Intergovernamental sobre as Alterações Climáticas 2007b. *Climate Change: The Physical Science Basis:* Contribuição do Grupo de Trabalho I para o Quarto Relatório de Avaliação do Painel Intergovernamental sobre as Alterações Climáticas, editado por S. Solomon, D. Qin, M. Manning, Nova Iorque: Painel Intergovernamental sobre as Alterações Climáticas.

Painel Intergovernamental sobre as Alterações Climáticas.2007a. Highlights from Climate Change (2007).*The Physical Science Basis:* Resumo para os decisores políticos. Contribuição do Grupo de Trabalho I para o Quarto Relatório de Avaliação do Painel Intergovernamental sobre as Alterações Climáticas (Solomon, S., Qin, D.,
Manning, M., Chen, Z., Marquis, M., Averyt, K. B., Tignor, M., Miller, H. L., eds).
Cambridge University Press, Instituto de Ecologia Terrestre, Edimburgo, pp. 545-552.

Jandl, R., Rasmussen, K., Tome, M. e Johnson, D.W. 2006.*The role of Forests in carbon Cycles, Sequestration and StorageAssvxe* 4. Forest management and carbonsequestration Federal Research and Training Centre for Forests, Natural Hazard andLandscape (BFW), Viena, Áustria.

Jindal, R., Swallow, B. e Kerr, J. 2008. Projectos de sequestro de carbono com base na silvicultura em África: Potential benefits and challenges. *Natural Resources Forum* **32:** 116-130.

Jobbagy, E. G. e Jackson R. B. 2000.The vertical distribution in soil organic C and its relation to climate and *NQgetetionFcological Applications* 10:423-436.

Johnsen, K.H., D. Wear, R. Oren, R.0 teskey, F. Sanchez, R. Will, J. Butnor, D. Markewitz, D. Richter, T. Rials, H.L. Allen, J. Seiler, D. Ellsworth, C Maier, G. Katul e PM Dougherty 2001. *Meeting global policy commitments:* Carbon sequestration *and Southern Pine Forests (*Sequestro de carbono *e florestas de pinheiros do sul). Journal of Forestry* 99 (4).

Jones, J.A., (1989). Influências ambientais na química do solo no semi-árido central Kanowski, P. J; Savill P.S; Adlard P. G; Burley, J; Evans, J. R; Palmer R; e Wood, P. J.

1992). Plantação florestal. In: N. P. Sharma *Managing the World's Forest* Kendall/Hunt, pp. 375-402.

Karky, B.S. e Banskota, K. 2007. *Reducing Carbon Emissions through Communitymanaged Forests in the Himalaya.Case,* study of a community-managed forest in Lamatar,Kathmandu, Nepal, pp. 67 - 79.

Keeling, C.D. "Descoberta dos Níveis de CO2 Atmosférico". *CO2Now.org.* 1998. Web. 8 de fevereiro de 2012.

Kent, M. e Coker, P. 1992. Descrição e análise da vegetação. A practical approach. Bolhaven Printing Press, Londres.

King, D. 2005. "Climate Change: the Science and Policy". *Journal of Applied Ecology.* 42(5): 779-783.

Kirschbaum, M.U.F. 1996. O potencial de sequestro de carbono das plantações de árvores na Austrália. Em: (eds.), Environmental Management: The Role of Eucalypts and Other Fast Growing Species, Eldridge, K.G., Crowe, M.P., Old, K.M. *Forestry and Forest Products,* 20:77-89.

Kristoffer Hylander e Eva Hylander, 1995. Monte Zuquala - uma floresta de montanha da Etiópia. Inventário florístico e análise do estado de conservação.

Kuchelmeister G 2000: Árvores para o milénio urbano: atualização da silvicultura urbana. Unasylva No.200, 49-55, FAO, Roma.

Kuchelmeister G e Braatz S 1993: Urban forestry revisited. Unasylva Vol. 44, No. 173, FAO, Roma.

Kumar R, Pandey S, Pandey A. 2006. Plant roots and carbon sequestration.*Current Science*): 885-890.

Lal, R. 2004. Soil Carbon Sequestration Impacts on Global Climate Change and Food Security. *Science,* **304:** 1623 - 1627.

Lamprecht (1989).Silviculture in the Tropics.Tropical forest ecosystems and their tree species possibilities and methods for their long term utilization.T2-verlagsgesells chaft Gmbbh, RoBdort, Germany.

Leggett, J.A. 2007. *Climate change: Science and policy implications.* Serviço de Investigação do Congresso, Washington, DC.

Leifeld, J., Bassin, S. & Fuhrer, J. 2004.Carbon stock in Swiss agriculture soils predicted by land use soil characteristics, and altitude.Agriculture, Ecosystem and Environment.

Leuschner, C., Moser, G., Bertsch, C., Roderstein, M. e Hertel, D. 2OO7.Large altitudinal increase in tree root/shoot ratio in tropical mountain forest of Ecuador-Basic *AppliedEcologyS:* 219-

230.

Lugo, A. E; Parrotta, J.A; and Brown, S. 1993.Loss in species caused by tropical deforestation and their recovery through management.Ambio22: 106-109.

MacDicken, K. G. 1997. A Guide to Monitoring Carbon Storage in Forestry and Agroforestry Projects.In: *Programa de Monitorização do Carbono Florestal.* Winrock International Institute for Agricultural Development, Arlington, Virginia, Pp. 87.

Maggi, O., Persiani, M. A., Casado, M. A. e Pineda, F. D. 2005. Effects of elevation, slope position and livestock exclusion on microfungi isolated from soils of Mediterranean grasslands. The Mycological Society of America, Lawrence.*Mycologia* 97(5): 984- 995.
Gestão para comunidades agrícolas e pastoris. RSCU/SIDA.

Mandal, R.A., Laake, P.van. 2005. *Carbon sequestration in community forests:* an eligible issue for CDM (A case study of Nainital, India).Banko Janakari, 15:64-72.

Mannion, A.M. 1998. "Global Environmental Change: The Causes and Consequences of Disruption to Biogeochemical Cycles". *The Geographical Journal.* 164(2): 168-182.

Marchetti, C. 1977. "On Geoengineering and the CO2 Problem. "*Climatic Change,* **1:** 59-68.

Marland, G. e Schlamadiger,H. 2003. *The climate impacts of land surface change and carbon management, and the implications for climate-change mitigation policy. Clim Policy,* **3,** 149-157

McDowell, N. 2002.Developing countries to gain from carbon-trading *Nature* 420:4. Partes 1 e 2, *Global Environmental Change* 4, 2 e 3, 1994, pp. 140-59, 185-200.

McEwan, W. R., Lin, Y., Sun, I. F., Hsieh, C., Su, S., Chang, L., Song, G. M., Wange, H., Hwong, J., Lin, K., Yang, K., Chiang, J. 2011.Topographic and biotic regulation of aboveground carbon storage in subtropical broad-leaved forests of *TaiwanForestEcology and Management* **262:**1817-1825.

Mesfin Sahile. 2011. Estimativa e mapeamento de estoques de carbono com base em sensoriamento remoto, GIS e levantamento de solo na floresta estadual de Menagesha Suba. Tese de Mestrado, Universidade de Adis Abeba, Adis Abeba.

Moser, G., Hertel, D. e Leuschner, C. 2007. Altitudinal change in LAI and stand leaf biomass in tropical montane forests: a transect study in Ecuador and a pan- tropical metaanalysis. *Ecossistemas* **10:** 924-935

Moulton, R. e K. Richards. 1990. Costs of Sequestration Carbon Through Tree Planting and Forest Management in the United States [Custos do sequestro de carbono através da plantação de árvores e da gestão florestal nos Estados Unidos]. Relatório Técnico Geral WO-58 do Serviço

Florestal do Departamento de Agricultura dos EUA.

Murphy, P. G. e Lugo, A. E. 1986.Estrutura e produção de biomassa de uma floresta tropical seca em Porto Rico.*Biotropica* **18:** 89-96.

Nabuurs, G.J. e Mohren, G.M.J. 1993. *Fixação de carbono através de actividades de florestação.* A study of the carbon sequestration potential of selected forest types commissioned by the Face Foundation: Instituto de Investigação Florestal e da Natureza (IBN), Wageningen. 205 pp.

Negi, J.D.S., Manh, R.K. e Chauhan, P. S. 1988.*Carbon allocation in different components of some tree species of India:* Uma nova abordagem para a estimativa de carbono. *Current Science* **85(11):**62-67.

Newell, R. e Stavins, R. 2000. "Climate Change and Forest Sinks: Factors Affecting the Costsof Carbon Sequestration". *Journal of Environmental Economics and Management,* 40(3): 211-235.

Estado Florestal do Nordeste (NEFA). 2002. Carbon Sequestration and Its Impacts on Forest Management in the Northeast. Desenvolvido para a Associação de Silvicultores Estaduais do Nordeste. Iniciativas de mudanças climáticas, publicação NEFA, Nova York, EUA, Pp. 1-10.

Nowak, D.J. e Jeffrey T. Walton 2005. *Projected Urban Growth (2000 - 2050) and Its Estimated Impact on the US Forest Resource* .Journal of Forestry. 103(8):383 - 389.Page SE, Siegert F, Rieley JO, Boehm Hans-Dieter V, Jaya A ,et al. (2002) The amount of carbon released from peat and forest fires in Indonesia during 1997. *Nature^:* 61-65.

Nowak, D.J. STEVENS,J.C., SISINNI,S.M. LULEY,C.J. (2002). Effects of urban tree management and species selection on atmospheric carbon dioxide.Jowr "a/ *of Arboriculture* **28** (3): 113-122.

Nowak, D.J. 1993. Mudança histórica da vegetação em Oakland e suas implicações para a gestão da floresta urbana. *Journal of Arboriculture* **19** (5): 313-319.

Nowak, D.J. e David E. Crane. 2002. *Carbon Storage and Sequestration by Urban Trees in the U.S.A. Environmental PollutionllG:* 381 -389.

Nowak, D.J.1993. Journal of Environmental Management 37, 207-217 Atmospheric Carbon Reduction by Urban Trees Usda Forest Service, Northeastern Forest Experiment Station, 5801N. Pulaski Ra, Bldg C., Chicago, Illinois 60646, U.S.

Palace, M., Keller, M., Asner, G. P., Silva, J. N. M. e Passos, C. 2007.Necromassa em florestas não perturbadas e exploradas na *Amazônia* brasileira.*Forest Ecology andManagement238*: 309-318.

Pearson, T. R., Brown, S. L. e Birdsey, R. A. 2OO7.Measurement guidelines for the sequestration of forest carbon.Northern research Station, Department of Agriculture, Washington, D.C, pp. 6-15.

Pearson, T., Walker, S. e Brown, S. 2005. *Sourcebook for land-use, land-use change and forestry projects. Wvtvcock* International e o Bio-carbon fund do Banco Mundial. Arlington, EUA, pp. 19-35.

Penman, J., Gytarsky, M., Hiraishi, T., Krug, T., Kruger, D., Pipatti, R., Buendia, L., Miwa, K., Ngara, T., Tanabe, K. e Wagner, F. 2003. *Good Practice Guidance for Land Use, Land-Use Change and Forestry [Guia de Boas Práticas para a Utilização da Terra, Alteração da Utilização da Terra e Silvicultura].* Instituto de Estratégias Ambientais Globais: Kanagawa (2003).

Pfaff, A.S.P et ad. 2000. *Um método interdisciplinar para estimar a oferta de compensação de carbono e aumentar a viabilidade de um mercado de carbono no âmbito do MDL.* O protocolo de Quioto e os pagamentos para as florestas tropicais: *Ecological Economics,* 3(2): 203-221.

Phat, N.K., Knorr, W. and Kim, S. *Appropriate measures for conservation of terrestrial carbon stocks-Analysis of trends of forest management in Southeast* ylsza.Forest Ecology and Management, 191(1-3): 283-299.

Plantinga, A. J. e Richards, K. R. 2008. "International Forest Carbon Sequestration in a Post- Kyoto Agreement" Discussion Paper 2008-11. Preparado para Harvard Project on International Climate Agreements, Cambridge, Mass, Pp. 1-17.

Ponce-Hernandez, R., Koohafkan, P. e Antoine, J. 2004. Assessing carbon stocks and modelling win-win scenarios of carbon sequestration through land-use changes. FAO, Roma.

R. Lal, J.M. Kimble, R.F. Follett e C.V. Cole. 1998. *The potential of US cropland to sequester carbon and mitigate the greenhouse effect.* Chelsea, MI, EUA, Ann Arbor Press.

R. Tipper, ed. 1998. *Assessment of the cost of large scale forestry for CO2 sequestration: evidence from Chiaps, Mexico.* Relatório PH 12. Programa de Gases com Efeito de Estufa e I&D da Autoridade Internacional da Energia (disponível em www.eccm.uk.com/climafor/ publications.html).

R. Tipper. 1997. *Mitigation of greenhouse gas emissions by forestry: a review of technical, economic and policy concepts.* Documento de trabalho, Institute of Ecology and Resource Management, University of Edinburgh, Escócia. Uma análise de várias práticas de gestão das terras susceptíveis de aumentar o sequestro de carbono no solo está contida em: FAO. 2001. *Soil carbon sequestration for improved land management practices.* World Soil Resources Report No. 96. Relatório sobre os Recursos Mundiais do Solo nº 96, Roma.

R.K. Dixon, J.K. Winjum, K.J. Andrasko, J.J. Lee e P.E. Schroeder. 1994. Integrated systems: assessment of promising agroforest and alternative land-use practices to enhance carbon conservation and sequestration. *Climatic Change,* 27: 71-9.

Ravindranath NH, Ostwald M 2008.Methods for estimating above-ground biomass. In N. H. Ravindranath, and M. Ostwald, Carbon Inventory Methods: Handbook for greenhouse gas inventory, carbon mitigation and roundwood production projects. Springer Science + Business Media B.V 113-14.

Read, D.J., Freer-Smith, P.H., Morison, J.I.L., Hanley, N., West, C.C. e Snowdon, P. (eds).2009. *Combating climate change - a role for UK forests. An assessment of the potential of the UK's trees and woodlands to mitigate and adapt to climate change.Ths* Stationery Office, Edinburgh, p. 240.

Módulo Metodológico REDD. 2009. Estimation of carbon stocks and changes in carbon stocks in the dead wood carbon pool, *Avoided Deforestation Partners, Versão 1.0.* Market driven solutions for saving forests, publicação, pp. 1-10.

Rinaududo, T., Dettmatmann, P. e Assefa Tofu .2008.Carbon trading, community forestry and development; Potential, challenges and the way forward in Ethiopia.Responses to Poverty, Ethiopia.

Ruddell, S., Walsh, M. J. e Kanakasabai, M. 2006.Forest Carbon Trading and Marketing in the United States. North Carolina Division of the Society of American Foresters (SAF) e financiado pelo SAF's Foresters' Fund, Chicago Climate Exchange, EUA.

Santiago, M. A., Hellier, A., Tipper, R. e De Jong, B. H. J. 2003. Carbon Emissions From Land-Use Change: An Analysis of Causal Factors in Chiapas, Mexico. *Mitigation andAdaptation Strategies for Global Change* **00:** 1-30.

Saugier, B., Roy, J. & Mooney, H.A. 2001. Estimativas da produtividade terrestre global: convergindo para um único número? *Terrestrial Global Productivity* (eds J. Roy, B. Suagier & H.A. Mooney), pp. 543-557. Academic Press, San Diego, CA.

Schimmel, D; e Enting LG. 1995: Carbon Dioxide and the Carbon cycle. Em Houghton, J. T; Meira, S; Filho L.G; (eds) *Climate Change 1994:* Radiative Forcing of Climate Change and an Evaluation of the IPCC IS92 Emission Scenarios, publicado para o IPCC, Cambridge University Press, pp. 35-71

Schlesinger, W.H. 1991. Biogeochemistry, an Analysis of Global Change. Nova Iorque, EUA, Academic Press.

Schneider, S.H. 1989. The Changing Climate. *Scientific American 261:* 70-79.

Schultze, E-D., C. Wirth, e M. Heimann 2000.Managing forests after Kyoto. *Ciência*

Sebsebe Demisew .1996. Ethiopia's Natural Resource Base, pp. 36-53. In: Solomon Tilahun, SueEdwards e Tewolde Berhan Gebre Egziabher (eds) Important Bird Areas of Ethiopia. Ethiopian Wildlife and Natural History Society, Semayata Press, Addis Ababa, Ethiopia.

Sedjo, R.A. e A.M. Solomon. 1989. Climate and Forests. Em N.J. Rosenburg, WE. Easterling, P.R. Crosson, e J. Darmstadter, eds. *Greenhouse Warming: Abatement andAdaptation,* RFF Proceedings. Washington, DC: Resources for the Future, 105-20.

Sedjo, R.A. e B. Sohngen. 2007. Carbon Credits for Avoided Deforestation. Documento de discussãoDP 07-47. Washington, DC: Resources for the Future.

Sharma, S.P. 2000. Avaliação do sequestro de carbono de uma plantação de Gmelina arbores (Roxb) em Conceição I, Sariaya quezon, Filipinas.

Sheikh, M. A., Kumar, M. e Rainer, W. e Bussmann, R. W. 2009.Altitudinal variation in soil organic carbon stock in coniferous subtropical and broadleaf temperate forests in Garhwal Himalaya.Department of Forestry, HNB Garhwal University, Srinagar Garhwal, Uttarakhand, India. *Carbon Balance management 4:* 1-6.

Sileshi Degefa 2012. Estimativa do stock de carbono, alteração do coberto florestal e avaliação dos bens e serviços florestais: Case of Mankira Forest, Kafa Biosphere reseve, Western Ethiopia. Tese de Mestrado, Universidade de Adis Abeba, Adis Abeba.

Simson Shibiru e Girma Balcha 2004.composição, estrutura e estado de regeneração de espécies lenhosas na floresta natural de Dindin, sudeste da Etiópia: uma implicação para a conservação. *Ethiopian journal of Biological Science3:\5-35.*

Siry, J., Bettinger, P., Borders, B., Cieszewski, C., Clutter, M., Izlar, B., Markewitz, D. e Teskey, R. 2006. Protocolo de Estimativa de Carbono Florestal para o Estado da Geórgia, EUA

Sisay Nune 2010 Utilização da terra, alteração da utilização da terra e silvicultura (LULUCF): Florestação e Reflorestação. In: Mecanismos de Desenvolvimento Limpo: Investors' Guide, DNA Office of the Environmental Protection Authority, EPA (Projeto de

Sisay Nune, Menale Kassie e Eric Mungatana .2009. Contabilidade dos recursos florestais: A experiência da Etiópia. In: Actas do Workshop Nacional sobre Gestão Sustentável da Terra e Alívio da Pobreza. 18-19 de maio de 2009, Adis Abeba, Etiópia

Skutsch, M., Bird, N., Trines, E., Dutschke, M., Frumhoff, P., de Jong, B.H.J., van Laake, P.,Masera, O., e D. Murdiyarso. 2007. "Clearing the Way for Reducing Emissions from Tropical Deforestation". *Environmental Science and Policy* 10: 322-34.

Salomão. S. *et.al.,* 2007. *Resumo para os decisores políticos. Climate change 2007: The physical science basis. Contribuição do Grupo de Trabalho I para o Quarto Relatório de Avaliação do Painel Intergovernamental sobre as Alterações Climáticas.* Cambridge University Press, Cambridge, Reino Unido.

Sombroek, W.G., Nachtergaele, F.O. e Hebei, A. 1993. Quantidades, dinâmica e sequestro de carbono em solos tropicais e subtropicais. Ambio 22, pp. 417-426.

Sombroek, W.G., Nachtergaele, F.O. e Hebei, A. 1993. Quantidades, dinâmica e sequestro de carbono em solos tropicais e subtropicais.^m/uo **22:417-426.**

Stavins, R. N. e Richards, K. R. 2005.*The Cost of U.S. Forest-based Carbon Sequestration.* Preparado para o Pew Center on Global Climate Change, Arlington, EUA, Pp. 10-32.

Stenseth, *et.al.,* 2002. Efeitos ecológicos das flutuações climáticas. *Ciência* 297:1292-1296.

Stem N 2007. The Economics of Climate Change: the Stem Review. Cambridge: Cambridge University Press.

Stihl, G., Bostrom, B., Lindkvist, H., Lindroth, A., Nilsson, J. e Olsson, M. Methodological options for quantifying changes in carbon pools in Swedish *loxQSts.Studia Forestalia Suecicu* **214:** Swedish University of Agricultural Sciences Faculty of Forestry, Uppsala, Sweden, Pp. 14-16.

Storer, D. A. 1984.A simple high sample volume ashing procedure for determining soil organic matter. *Communications in Soil Science and Plant Analysis* 15:759-772.

Subedi, B.P., Pandey, S.S., Pandey, A., Rana, E.B.,Bhattarai, S., Banskota, T.R., Charmakar, S. e Tamrakar, R. 2010. Medição do stock de carbono florestal: Guidelines for measuring carbon stocks in community-managed forests, Federation of Community Forest Users, Nepal (FECOFUN). subtropical soils. *Global Change Biology* **3:** 161-173.

Tans, P.P., Fung, I.V., Takahashi, T., 1990.Observational constraints on the global atmospheric CO2 budget.5cze "ce247:1431-1438.

Tanzânia. Soil Sci. Soc. Am. J. 53:1748-1758.

Temam A .2010. Impacto da perturbação nas reservas de carbono nas florestas naturais de Harana Bulluk, Zona de Balbe, sudoeste da Etiópia. Dissertação de mestrado, Universidade de Hawassa, Faculdade de Silvicultura e Recursos Naturais de Wondo Genet, Wondo Genet.

Tesfaye Bekele. 2002. Plant Population Dynamics of *Dodonea angustifolia* and *Olea* ewropeasubsp. *cuspidatain* dry Afromontane Forest of Ethiopia. Ata Universtitatis upsalie Upssala, Suécia.

Teshome Soromessa, Demel Teketel e Sebsebe Demissew 2004: Estudo ecológico da vegetação na zona de Gamo Gofa, Sul da Etiópia. *Tropical ecology45(2')* pp. 209-221.

Trettin, C.C., Jurgensen, M.F.2003. Ciclo de carbono em solos florestais de zonas húmidas. In:

Kimble, J.M., Heath, L.S., Birdsey, R.A., Lal, R. (Eds.), the Potential of U.S. Forest Soils to Sequester Carbon and Mitigate the Greenhouse Effect. CRC Press, Boca Raton, FL, pp. 311-331.

Tschakert, P. 2001. Dimensões humanas do sequestro de carbono: uma abordagem de ecologia política à gestão da fertilidade do solo e ao controlo da desertificação na antiga Bacia do Amendoim do Senegal. Arid Lands Newsletter maio-junho de 2001.

Tsegaye Tadesse 2010. Programa de gestão sustentável da eco-região de Bale.

Tulu Tolla. 2011. Estimativa do estoque de carbono nas florestas da igreja: Implications for Managing Church Forest for Carbon Emission Reduction. Tese de Mestrado, Universidade de Adis Abeba, Adis Abeba.

Turner, D.P., J.J. Lee, G.J. Koperper, e J.R. Barker, eds. 1993.*The Forest Setor Carbon Budget of the United States: Carbon Pools and Flux Under Alternative Policy Options.* Corvallis, OR: U.S. EPA, ERL.

Departamento de Estado dos EUA EPA. 2000. Memorando não publicado US Submission to the COP 6 on LULUCF datado de 1 de agosto de 2000.

U.S. EPA. "Human-Related Sources and Sinks of Carbon Dioxide" (Fontes e sumidouros de dióxido de carbono relacionados com o homem). Agência de Proteção Ambiental dos Estados Unidos. 2011. Web. 10 de fevereiro de 2012. http://www.epa.gov/ climatechange/emissions/co2_human.html

Divisão de População da ONU 2004. Perspectivas das urbanizações mundiais: a revisão de 2003. Dados, quadros e destaques. Nova Iorque, EUA.

PNUA. 2010. *Pathways for Implementing REDD+*. Experiências de Mercados de Carbono e Comunidades (Zhu, X., Moller, R. L., Lopez, D. T. e Romero, Z. M. eds). Perspectives Series 2010, UNEP Riso Centre, Systems Analysis Division Riso National Laboratory for Sustainable Energy Technical University of Denmark.Phoenix Design Aid A/S publishing, Roskilde, Denmark.

UNFCCC. 1997. Protocolo de Quioto à Convenção sobre as Alterações Climáticas: Bona, Alemanha. Secretariado para as Alterações Climáticas.

UNFCCC/ CCNUCC 2009. Formulário do documento de conceção do projeto para actividades de projeto de florestação e reflorestação (CDM-AR-PDD) - Versão 04; CDM. Conselho Executivo

Nações Unidas. Conferência de 1995 das Partes na Convenção-Quadro das Nações Unidas sobre as Alterações Climáticas (UNFCCC). 1995.

Agência de Proteção Ambiental dos EUA (EPA). 2007b. *Inventory of U.S. greenhouse gas emissions and sinks (Inventário das emissões e sumidouros de gases com efeito de estufa dos EUA): 1990-2005.* EPA430-R- 07-002. Washington, DC.

Agência de Proteção Ambiental dos EUA (EPA).2005a. *Greenhouse gas mitigation potential in U.S. forestry and agriculture.UP A.* 430-R-05-006. Gabinete de Programas Atmosféricos, Washington, DC.

Van Wagner, C. E. (1968). O método de intersecção de linhas na amostragem de combustível florestal. Ciência Florestal 14:20-26.

Watson, C. 2008. Contabilidade do carbono florestal: Overview and Principles. *CDM Capacity Development in Eastern and Southern Africa,* London School of Economics and Political Science, Reino Unido

Watson, R.T., Noble, I. R., Bolin, B., Ravindranath, N. H., Verardo, D.J. e Dokken, D.J. 2000. Land use, land-use change, and forestry *Special Report of the Intergovernmental Panel on Climate Change* (Cambridge: Cambridge University Press) p 375

WBISPP 2004.Forest Resources of Ethiopia (Recursos florestais da Etiópia). Addis Abeba, Etiópia.

WBISPP. 2005. Um plano de estratégia nacional para o sector da biomassa. Addis Abeba, Etiópia.

Wigley, T. M. L. 1993. Climate change and forestry.*Common Wealth Forestry Review* **72:** 256 264.

Xianzeng, N. e Sjoerd, W. D. 2005.Carbon sequestration potential by afforestation of marginal agricultural land in the Midwestem.U.S. Department of Crop and Soil Sciences, Pennsylvania State University.

Yetebitu Mogu, Zewdu Eshetu e Sisay Nune. 2010. *Manual for assessment and monutering of carbon in forest and other land uses in Ethiopia (Draft).*

Ylma Dellelegn. 2010. A Glimpse at Biodiversity Hotspots of Ethiopia; the Essential diretory for Environment and Development, Pp 62-64

Zerihun Woldu .2000. Forests in the vegetation types of Ethiopia and their status in the geographical context, pp. 1-48. In: Sue Edwards, Abebe Demissie, Taye Bekele & Gunther Haase (eds) Forest genetic resources conservation: principles, strategies and

Zewedu Eshetu .2000. Solos florestais das terras altas da Etiópia: As suas caraterísticas em relação à história do local. Tese de doutoramento, Universidade Sueca de Ciências Agrícolas, Suécia.

Zhang, X. P., Wang, X. P., Zhu, B., Zong, Z. J., Peng, C. H. e Fang, J. Y. 2008. Produção de folhada em relação a factores ambientais nas florestas do nordeste da China. *Journal ofPlant Ecology* 32:1031-1040.

Zhu, B., Xiangping Wang, Jingyun Fang, Shilong Piao, Haihua Shen, Shuqing Zhao, Changhui Peng. 2011. Alterações altitudinais no armazenamento de carbono de florestas temperadas no Monte Changbai, Nordeste da China. Carbon cycle process in East Asia, The Botanical Society of Japan e Springer. 2010. *Jornal de Recursos Vegetais* 10:1-14.

# CAPÍTULO 7

## APÊNDICES

**Apêndice: 1.** Lista de espécies recolhidas em dez igrejas selecionadas em redor de Adis Abeba

| tree code | Species name | Local name | Number of trees | Average DBH(cm) | Average height(m) |
|---|---|---|---|---|---|
| AS1 | *Acacia Abyssinica* Hochst. Ex Benth. | Yeabeshagirar | 130 | 57.05 | 13.25 |
| AS2 | *Acacia decurrens* Willd | Decurrens | 164 | 34.88 | 17.20 |
| AS3 | *Acacia negrii* Pic. Serm | Acacia | 41 | 9.78 | 8.34 |
| AS4 | *Acacia saligna (*Labill.) Wendel. | Saligna | 38 | 15.54 | 12.40 |
| AS5 | *Acacia melanoxylon R.Br.* | Omedla | 109 | 38.57 | 31.32 |
| AS6 | *Allophylus abyssinica* (Hochst.) Radlk. | Embis | 18 | 24.51 | 15.42 |
| AS7 | *Buddlejapolystachya* Fresen. | Anfar | 5 | 9.60 | 4.12 |
| AS8 | *Callistemon citrinus* L | Bottle brush | 4 | 10.21 | 12.51 |
| AS9 | *Calpurnia aurea* (Ait)Benth. | Digita | 4 | 19.24 | 6.60 |
| AS10 | *Carissa spinarum* L. | Agam | 7 | 14.61 | 5.22 |
| AS11 | *Casimiroa edulis* | Kazmir | 1 | 8.24 | 7.50 |
| AS12 | *Casuarina cunninghaminana* | Shewshewe | 237 | 34.52 | 27.35 |
| AS13 | *Cordial africana* Lam. | Wanza | 19 | 29.20 | 19.10 |
| AS14 | *Croton macrostachyus* Pax. | Bisana | 48 | 34.25 | 13.40 |
| AS15 | *Cupressus lasitanica* Mill. | YeferenjeTid | 1542 | 57.67 | 29.15 |
| AS16 | *Aloege genus* | Eret | 2 | 12.03 | 9.23 |
| AS17 | *Dodoneaangustifolia* L.f. | Kitikita | 1 | 16.22 | 5.50 |
| AS18 | *Dovyalis abssinica* (A.Rich.) Warb. | Koshim | 2 | 15.23 | 9.46 |
| AS19 | *Dracaena steudneri* Schweinf | Etsepatos | 109 | 9.5 | 9.54 |
| AS20 | *Ekebergia capensis* Sparm. | Lul | 40 | 31.35 | 25.22 |
| AS21 | *Eucalyptus globules* Labill. | Bahirzaf | 4359 | 56.21 | 25.31 |
| AS22 | *Eucalyptus camaldulensis* Dehn. | Camaldulensis | 55 | 16.25 | 10.34 |
| AS23 | *Eucalyptus sitrodora* | Sitrodora | 25 | 17.26 | 12.00 |
| AS24 | *Euclea divinorum* Hiern. | Dediho | 1 | 12.33 | 6.75 |
| AS25 | *Euphorbia abyssinica* J.F.Gmel | Kulkual | 2 | 9.75 | 5.62 |
| AS26 | *Ficus sur* Forssk. | Sholla | 24 | 35.14 | 26.25 |

| AS27 | *Ficus thonningii* Bl. | Warka | 12 | 32.12 | 19.25 |
|---|---|---|---|---|---|
| AS28 | *Grevillea robusta*A.Cunn | Gravilla | 63 | 24.50 | 10.25 |
| AS29 | *Hagenia abyssinica* (Bruce) J.F.Gmel | Kosso | 2 | 11.34 | 8.23 |
| AS30 | *Heveabrasillensis* | Yegomazaf | 22 | 14.31 | 11.25 |
| AS31 | *Jacaranda mimosifolia* | Yetebmenjazafe | 34 | 29.55 | 12.50 |
| AS32 | *Juniperus pramida* | Paramida | 48 | 26.89 | 17.25 |
| AS33 | *Juniperus procera* Hochst.ex. Endl | YeabeshaTid | 483 | 59.06 | 31.25 |
| AS34 | *Maesa lanceolata* Forssk. | Kelewa | 1 | 8.21 | 7.00 |
| AS35 | *Millettia ferruginea* (Hochst.) Bak. | Birbera | 18 | 13.78 | 6.25 |
| AS36 | *Oleae europaea* subsp. Cuspidate (wall.ex.G.Don.) cif | Woyra | 182 | 36.13 | 29.23 |
| AS37 | *Persea americana* Mill. | Abocado | 2 | 10.25 | 7.75 |
| AS38 | *Phoenix reclinata* Jacq. | Zenbaba | 20 | 19.45 | 11.22 |
| AS39 | *Phytolaca dodecandra* L'Her. | Endod | 3 | 16.24 | 6.25 |
| AS40 | *Pinus patula* Schlecht. & Champ | Patula | 5 | 37.25 | 17.50 |
| AS41 | *Pinus radiate* D. Don. | Radiata | 12 | 24.50 | 15.50 |
| AS42 | *Podocarpus falcatus* (Thunb.) Mirb. | Zigba | 28 | 19.00 | 12.65 |
| AS43 | *Prunus Africana* calcm | Tikurenchet | 20 | 21.23 | 11.05 |
| AS44 | *Psidiumguajava* L. | Zeituna | 35 | 10.76 | 9.25 |
| AS45 | *Ricinus communis* L. | Gulo | 6 | 9.42 | 7.75 |
| AS46 | *Schinus molle* L. | Qundoberbere | 4 | 26.32 | 15.24 |
| AS47 | *Schrebera alata* (Hochst.) Welw. | SenefWoyra | 17 | 30.05 | 20.28 |
| AS48 | *Triticummonococcum* | Romania | 7 | 10.32 | 9.25 |
| AS49 | *Vernoniaamygdalina* Deli | Grawa | 116 | 24.13 | 9.25 |
| AS50 | *Rhamnus prinoides* | Gisho | 1 | 16.7 | 10.25 |
| AS51 | *Spathodea nilotica* Seem. | yechakanebelbal | 10 | 14.87 | 16.50 |
| AS52 | *Justicia schimperiiana* | Sensel | 4 | 6.29 | 11.25 |
|  | **Total** |  | **8142** |  |  |

**Apêndice: 2.** Ano de estabelecimento, altitude, área de floresta, aspeto e localização do local de estudo

| *No* | *Study sites* | *Types of churches* | *Elevations* | *Aspects* | *Area of the churches(ha )covered by patch trees* | *Year of estab lishments* |
|---|---|---|---|---|---|---|
| 1 | Kotebe St. Gabriel church | Chatederal | 2520 | SW/SE | 4.02 | 1969 |
| 2 | Abunaregawi church | Debre | 2509 | S | 7.4 | 1993 |
| 3 | St.Urael church | Debre | 2351 | SW | 0.34 | 1875 |
| 4 | TaekaNegest Bata Marieammonastry | Monastery | 2437 | SW/S | 2.26 | 1911 |
| 5 | St. Eyakem we Hana church | Debre | 2504 | S | 1.29 | 1976 |
| 6 | St. Estifanos church | Debre | 2365 | NE/NW/N | 1.39 | 1909 |
| 7 | SaeliteMeheretst. Marry church | Debre | 2389 | SE/E/S/EW | 2.72 | 1969 |
| 8 | CMC st. Michael church | Debre | 2407 | SW | 1.16 | 1986 |
| 9 | Lamberet St. Kidanemiheret church | Debre | 2470 | S/SE | 1.56 | 1983 |
| 10 | Lamberet St. Medhanialem church | Debre | 2520 | NE/SE | 1.35 | 1990 |

**Apêndice: 3.** Localização das parcelas de amostragem para folhada e solo (UTM)

| **Study site** | **Field code** | **Plot Nº** | **Altitude (m)** | **Latitude** | **Longitude** | **Aspect** |
|---|---|---|---|---|---|---|
| Kotebest. Gabriel | A1S1 | 1 | 2521 | 0483609 | 999589 | SE |
| Kotebest. Gabriel | A1S2 | 2 | 2528 | 0483594 | 999667 | SE |
| Kotebest. Gabriel | A1S3 | 3 | 2534 | 0483614 | 999792 | SW |
| Kotebest. Gabriel | A1S4 | 4 | 2544 | 0483456 | 999784 | SE |
| Kotebest. Gabriel | A1S5 | 5 | 2546 | 0483434 | 999821 | SE |
| Kotebest. Gabriel | A1S6 | 6 | 2549 | 0483419 | 999865 | SE |
| Kotebest. Gabriel | A1S7 | 7 | 2528 | 0483648 | 999732 | SW |
| Abunaregawi | A2S1 | 8 | 2480 | 0479474 | 997754 | S |
| Abunaregawi | A2S2 | 9 | 2495 | 0479485 | 997825 | S |

| Study site | Field code | Plot № | Altitude (m) | Latitude | Longitude | Aspect |
|---|---|---|---|---|---|---|
| Abunaregawi | A2S3 | 10 | 2512 | 0479418 | 997860 | S |
| Abunaregawi | A2S4 | 11 | 2501 | 0479340 | 997799 | S |
| Abunaregawi | A2S5 | 12 | 2493 | 0479240 | 997755 | S |
| Abunaregawi | A2S6 | 13 | 2473 | 0479374 | 997696 | S |
| St.Urael church | A3S1 | 14 | 2355 | 04775312 | 996001 | SW |
| St.Urael church | A3S2 | 15 | 2355 | 04775358 | 996055 | SW |
| St.Urael church | A3S3 | 16 | 2353 | 0475385 | 996027 | SW |
| St.Urael church | A3S4 | 17 | 2354 | 0475316 | 996013 | SW |
| St.Urael church | A3S5 | 18 | 2352 | 0475397 | 995996 | SW |
| St.Urael church | A3S6 | 19 | 2353 | 0475377 | 995985 | SW |
| Bata Church | A4S1 | 20 | 2429 | 0474302 | 997560 | S |
| Bata Church | A4S2 | 21 | 2437 | 0474173 | 997563 | S |
| Bata Church | A4S3 | 22 | 2439 | 0474213 | 997556 | SW |
| Bata Church | A4S4 | 23 | 2444 | 0474126 | 997600 | SW |
| Bata Church | A4S5 | 24 | 2439 | 0474212 | 997599 | S |
| Bata Church | A4S6 | 25 | 2433 | 0474192 | 997610 | S |
| Bata Church | A4S7 | 26 | 2435 | 0474259 | 997695 | SW |
| Eyakem we hana | A5S1 | 27 | 2512 | 0481424 | 999589 | S |
| Eyakem we hana | A5S2 | 28 | 2514 | 0481455 | 999556 | S |
| Eyakem we hana | A5S3 | 29 | 2511 | 0481611 | 999642 | S |
| Eyakem we hana | A5S4 | 30 | 2511 | 0481567 | 999553 | S |
| Eyakem we hana | A5S5 | 31 | 2512 | 0481586 | 999608 | S |
| Eyakem we hana | A5S6 | 32 | 2514 | 0481519 | 999567 | S |
| St. Estifanos | A6S1 | 33 | 2348 | 0473955 | 996267 | NE |
| St. Estifanos | A6S2 | 34 | 2349 | 0473953 | 996235 | NE |
| St. Estifanos | A6S3 | 35 | 2348 | 0474032 | 996226 | NW |
| St. Estifanos | A6S4 | 36 | 2349 | 0474038 | 996179 | N |

| Study site | Field code | Plot No | Altitude (m) | Latitude | Longitude | Aspect |
|---|---|---|---|---|---|---|
| St. Estifanos | A6S5 | 37 | 2351 | 0474034 | 996115 | NW |
| St. Estifanos | A6S6 | 38 | 2351 | 0473963 | 996182 | NW |
| St. Estifanos | A6S7 | 39 | 2351 | 0473964 | 996144 | NW |
| SaliteMeheret | A7S1 | 40 | 2374 | 0481022 | 996839 | E |
| SaliteMeheret | A7S2 | 41 | 2377 | 0481026 | 996896 | SE |
| SaliteMeheret | A7S3 | 42 | 2380 | 0480997 | 997059 | S |
| SaliteMeheret | A7S4 | 43 | 2380 | 0481024 | 997006 | S |
| SaliteMeheret | A7S5 | 44 | 2374 | 0481225 | 996808 | SW |
| SaliteMeheret | A7S6 | 45 | 2379 | 0481405 | 997013 | SE |
| CMC Michael | A8S1 | 46 | 2398 | 0482395 | 997322 | SW |
| CMC Michael | A8S2 | 47 | 2400 | 0482405 | 997355 | SW |
| CMC Michael | A8S3 | 48 | 2399 | 0482423 | 997334 | SW |
| CMC Michael | A8S4 | 49 | 2302 | 0482437 | 997446 | SW |
| CMC Michael | A8S4 | 50 | 2402 | 0482483 | 997497 | SW |
| CMC Michael | A8S5 | 51 | 2398 | 0482491 | 997361 | SW |
| LamberetKidanemeheret | A9S1 | 52 | 2469 | 0480247 | 998653 | SE |
| LamberetKidanemeheret | A9S2 | 53 | 2473 | 0480259 | 998685 | SE |
| LamberetKidanemeheret | A9S3 | 54 | 2467 | 0480297 | 998969 | SE |
| LamberetKidanemeheret | A9S4 | 55 | 2469 | 040321 | 998694 | SE |
| LamberetKidanemeheret | A9S5 | 56 | 2478 | 0480305 | 998753 | S |
| LamberetKidanemeheret | A9S6 | 57 | 2480 | 0480236 | 998727 | SE |
| LamberetKidanemeheret | A9S7 | 58 | 2471 | 0480200 | 998653 | SE |
| LamberetMedanialem | A10S1 | 59 | 2500 | 0479816 | 998648 | NE |
| LamberetMedanialem | A10S2 | 60 | 2500 | 0479831 | 998681 | NE |
| LamberetMedanialem | A10S3 | 61 | 2501 | 0479868 | 998695 | NE |
| LamberetMedanialem | A10S4 | 62 | 2500 | 0479885 | 998662 | SE |
| LamberetMedanialem | A10S5 | 63 | 2495 | 0479891 | 998625 | SE |

| Study site | Field code | Plot No | Altitude (m) | Latitude | Longitude | Aspect |
|---|---|---|---|---|---|---|
| LamberetMedanialem | A10S6 | 64 | 2492 | 0479881 | 998597 | NE |
| LamberetMedanialem | A10S7 | 65 | 2492 | 0479841 | 998576 | NE |

**Apêndice: 4.** Biomassa média acima e abaixo do solo e stocks de carbono das árvores recolhidas nas dez igrejas, por tipo de espécie, escrito em código.

| Study site | Species code | Number of trees | Average DBH(cm) | Average height(m) | ABGB ton/ha | AGC ton/ha | AB(CO ton/ha | BGB ton/ha | BGC ton/ha | BG (CO2) ton/ha |
|---|---|---|---|---|---|---|---|---|---|---|
| I | AS21 | 369 | 36.56 | 16.24 | 620.245 | 310.1225 | 1138.15 | 124.049 | 62.03 | 227.63 |
| | AS22 | 10 | 26.78 | 15.25 | 290.9756 | 145.4878 | 533.9403 | 58.19512 | 29.10 | 106.78 |
| | AS33 | 62 | 12.09 | 10.50 | 33.24922 | 16.62461 | 61.01232 | 6.649844 | 3.33 | 12.20 |
| | AS15 | 130 | 29.64 | 15.50 | 374.2246 | 187.1123 | 686.7022 | 74.84492 | 37.42 | 137.34 |
| | AS20 | 2 | 15.75 | 9.34 | 70.86186 | 35.43093 | 130.0315 | 14.17237 | 7.09 | 26.01 |
| | AS49 | 2 | 17.77 | 10.13 | 99.1807 | 49.59035 | 181.9966 | 19.83614 | 9.92 | 36.39 |
| | AS1 | 49 | 18 | 10.50 | 102.7461 | 51.37305 | 188.5391 | 20.54922 | 10.28 | 37.71 |
| | AS2 | 63 | 21.87 | 14.45 | 173.1927 | 86.59633 | 317.8085 | 34.63853 | 17.32 | 63.56 |
| | AS28 | 4 | 31.74 | 16.00 | 442.2146 | 221.1073 | 811.4638 | 88.44292 | 44.22 | 162.29 |
| | AS19 | 1 | 40.7 | 21.23 | 797.6006 | 398.8003 | 1463.597 | 159.5201 | 79.76 | 292.72 |
| | AS26 | 1 | 27.98 | 16.89 | 324.5927 | 162.2964 | 595.6277 | 64.91855 | 32.46 | 119.13 |
| | AS29 | 1 | 39 | 22.54 | 722.0403 | 361.0202 | 1324.944 | 144.4081 | 72.21 | 264.99 |
| | AS3 | 41 | 25.98 | 18.06 | 269.6184 | 134.8092 | 494.7499 | 53.92369 | 26.96 | 98.95 |
| | AS16 | 2 | 12 | 9.71 | 32.5467 | 16.27335 | 59.72319 | 6.50934 | 3.26 | 11.95 |
| **Average** | | | | | **310.94922** | **155.474616** | **570.591865** | **62.189846** | **31.10** | **114.12** |
| II | AS21 | 1400 | 37.98 | 25.12 | 678.5322 | 339.2661 | 1245.107 | 135.7064 | 67.85 | 249.02 |
| | AS33 | 33 | 17.05 | 13.42 | 88.47012 | 44.23506 | 162.3427 | 17.69402 | 8.85 | 32.47 |
| | AS15 | 9 | 22.23 | 13.76 | 180.7492 | 90.3746 | 331.6748 | 36.14984 | 18.08 | 66.34 |
| | AS26 | 4 | 33.89 | 23.47 | 517.8441 | 258.922 | 950.2439 | 103.5688 | 51.78 | 190.05 |

| | | | | | | | | | | |
|---|---|---|---|---|---|---|---|---|---|---|
| **Average** | | | | | 366.398905 | 183.19944 | 672.3421 | 73.279765 | 26.24 | 134.47 |
| III | AS21 | 2 | 37.51 | 17.90 | 658.9457 | 329.4729 | 1209.165 | 131.7891 | 36.64 | 241.83 |
| | AS33 | 43 | 19 | 12.14 | 119.0583 | 59.52915 | 218.472 | 23.81166 | 11.91 | 43.69 |
| | AS15 | 4 | 14 | 12.25 | 50.6753 | 25.33765 | 92.98918 | 10.13506 | 5.07 | 18.60 |
| | AS49 | 12 | 18.86 | 14.21 | 116.6953 | 58.34763 | 214.1358 | 23.33905 | 11.67 | 42.83 |
| | AS2 | 2 | 13.09 | 10.98 | 41.77322 | 20.88661 | 76.65387 | 8.354645 | 4.18 | 15.33 |
| | AS19 | 1 | 27.37 | 16.02 | 307.2669 | 153.6334 | 563.8348 | 61.45338 | 30.73 | 112.77 |
| | AS12 | 11 | 23.05 | 16.25 | 198.5989 | 99.29943 | 364.4289 | 39.71977 | 19.86 | 72.89 |
| | AS14 | 4 | 17.66 | 10.25 | 97.50015 | 48.75007 | 178.9128 | 19.50003 | 9.75 | 35.78 |
| | AS35 | 2 | 17 | 10.32 | 87.7517 | 43.87585 | 161.0244 | 17.55034 | 8.78 | 32.21 |
| | AS36 | 7 | 42.7 | 19.34 | 891.3709 | 445.6855 | 1635.666 | 178.2742 | 89.14 | 327.13 |
| | AS6 | 2 | 18.14 | 13.75 | 104.9505 | 52.47524 | 192.5841 | 20.9901 | 10.50 | 38.52 |
| | AS46 | 2 | 12.21 | 9.26 | 34.20252 | 17.10126 | 62.76163 | 6.840504 | 3.42 | 12.55 |
| **Average** | | | | | 225.732449 | 112.866224 | 414.21904 | 45.1464866 | 20.14 | 82.84 |
| IV | AS21 | 39 | 21 | 14.03 | 155.6361 | 77.81805 | 285.5922 | 31.12722 | 15.56 | 57.12 |
| | AS33 | 61 | 16.72 | 13.64 | 83.78942 | 41.89471 | 153.7536 | 16.75788 | 8.38 | 30.75 |
| | AS15 | 228 | 25.32 | 14.67 | 252.6337 | 126.3168 | 463.5828 | 50.52674 | 25.26 | 92.72 |
| | AS20 | 37 | 23 | 15.00 | 197.4851 | 98.74255 | 362.3852 | 39.49702 | 19.75 | 72.48 |
| | AS49 | 36 | 14.9 | 12.38 | 60.5529 | 30.27645 | 111.1146 | 12.11058 | 6.05 | 22.22 |
| | AS1 | 8 | 22.98 | 15.09 | 197.0405 | 98.52026 | 361.5693 | 39.4081 | 19.70 | 72.31 |
| | AS2 | 21 | 12 | 10.04 | 32.5467 | 16.27335 | 59.72319 | 6.50934 | 3.26 | 11.95 |
| | AS28 | 13 | 19.09 | 14.86 | 120.591 | 60.29552 | 221.2846 | 24.11821 | 12.06 | 44.26 |
| | AS19 | 7 | 23.33 | 15.61 | 204.8968 | 102.4484 | 375.9857 | 40.97936 | 20.49 | 75.20 |
| | AS26 | 85 | 26.76 | 16.05 | 290.4314 | 145.2157 | 532.9416 | 58.08628 | 29.04 | 106.59 |
| | AS13 | 1 | 29.79 | 17.25 | 378.8883 | 189.4442 | 695.26 | 75.77766 | 37.89 | 139.05 |
| | AS5 | 46 | 31.1 | 18.04 | 420.8782 | 210.4391 | 772.3114 | 84.17563 | 42.09 | 154.46 |
| | AS12 | 133 | 18.95 | 12.33 | 118.2114 | 59.1057 | 216.9179 | 23.64228 | 11.82 | 43.38 |
| | AS14 | 12 | 19.64 | 14.62 | 130.1897 | 65.09484 | 238.8981 | 26.03794 | 13.02 | 47.78 |
| | AS35 | 5 | 22.05 | 11.11 | 176.9496 | 88.47479 | 324.7025 | 35.38991 | 17.70 | 64.94 |
| | AS36 | 104 | 22.22 | 14.63 | 180.537 | 90.26849 | 331.2854 | 36.1074 | 18.05 | 66.26 |
| | AS41 | 4 | 18.34 | 13.78 | 108.1444 | 54.0722 | 198.445 | 21.62888 | 10.81 | 39.69 |
| | AS40 | 3 | 21.34 | 11.01 | 162.3785 | 81.18927 | 297.9646 | 32.47571 | 16.24 | 59.59 |

| | | | | | | | | | | |
|---|---|---|---|---|---|---|---|---|---|---|
| | AS45 | 3 | 30.06 | 12.08 | 387.3577 | 193.6788 | 710.8014 | 77.47154 | 38.74 | 142.16 |
| | AS51 | 8 | 17.43 | 9.09 | 94.0378 | 47.0189 | 172.5594 | 18.80756 | 9.40 | 34.512 |
| | AS27 | 1 | 34.35 | 9.14 | 534.8164 | 267.4082 | 981.388 | 106.9633 | 53.48 | 196.28 |
| | AS31 | 4 | 23.44 | 13.99 | 207.3993 | 103.6996 | 380.5777 | 41.47986 | 20.74 | 76.1155 |
| | AS52 | 2 | 16.13 | 19.17 | 75.77854 | 37.88927 | 139.0536 | 15.15571 | 7.58 | 27.8107 |
| | AS6 | 13 | 10.23 | 12.67 | 20.89966 | 10.44983 | 38.35088 | 4.179933 | 2.09 | 7.67017 |
| | AS43 | 17 | 14.78 | 19.75 | 59.17421 | 29.58711 | 108.5847 | 11.83484 | 5.92 | 21.7169 |
| | AS32 | 48 | 22.76 | 12.44 | 192.1849 | 96.09245 | 352.6593 | 38.43698 | 19.22 | 70.5318 |
| | AS30 | 22 | 28.67 | 15.23 | 344.7819 | 172.3909 | 632.6747 | 68.95637 | 34.48 | 126.534 |
| | AS47 | 17 | 38.07 | 14.52 | 155.6361 | 77.81805 | 285.5922 | 31.12722 | 15.56 | 57.1184 |
| | AS38 | 20 | 25.87 | 17.43 | 83.78942 | 41.89471 | 153.7536 | 16.75788 | 8.38 | 30.7507 |
| | AS10 | 4 | 13.56 | 16.25 | 252.6337 | 126.3168 | 463.5828 | 50.52674 | 25.26 | 92.7165 |
| **Average** | | | | | 206.116989 | 103.05849 | 378.224677 | 41.223398 | 20.61 | 75.65 |
| **V** | AS21 | 260 | 27.92 | 20.21 | 322.8668 | 161.4334 | 592.4606 | 64.57336 | 32.29 | 118.492 |
| | AS22 | 15 | 17 | 15.34 | 87.7517 | 43.87585 | 161.0244 | 17.55034 | 8.78 | 32.2048 |
| | AS23 | 4 | 15 | 9.12 | 61.7163 | 30.85815 | 113.2494 | 12.34326 | 6.17 | 22.6498 |
| | AS15 | 223 | 29.56 | 22.19 | 371.7494 | 185.8747 | 682.1602 | 74.34989 | 37.18 | 136.432 |
| | AS33 | 131 | 17.85 | 21.43 | 100.4129 | 50.20647 | 184.2577 | 20.08259 | 10.04 | 36.8515 |
| | AS20 | 1 | 19 | 10.00 | 119.0583 | 59.52915 | 218.472 | 23.81166 | 11.91 | 43.6944 |
| | AS49 | 2 | 20.21 | 14.22 | 140.558 | 70.27901 | 257.924 | 28.11161 | 14.06 | 51.5848 |
| | AS1 | 9 | 17.09 | 12.03 | 89.04723 | 44.52362 | 163.4017 | 17.80945 | 8.91 | 32.6803 |
| | AS2 | 2 | 13.56 | 9.12 | 46.23474 | 23.11737 | 84.84075 | 9.246948 | 4.62 | 16.9681 |
| | AS28 | 5 | 27.87 | 16.03 | 321.4322 | 160.7161 | 589.828 | 64.28643 | 32.14 | 117.965 |
| | AS13 | 1 | 30.96 | 19.05 | 416.2828 | 208.1414 | 763.8789 | 83.25655 | 41.63 | 152.775 |
| | AS5 | 7 | 31.04 | 19.25 | 418.9055 | 209.4528 | 768.6917 | 83.78111 | 41.90 | 153.738 |
| | AS12 | 6 | 34.06 | 22.50 | 524.084 | 262.042 | 961.6941 | 104.8168 | 52.41 | 192.338 |
| | AS14 | 1 | 29.74 | 17.88 | 377.3304 | 188.6652 | 692.4014 | 75.46609 | 37.73 | 138.480 |
| | AS8 | 1 | 18.86 | 12.06 | 116.6953 | 58.34763 | 214.1358 | 23.33905 | 11.67 | 42.8271 |
| | AS34 | 1 | 19.34 | 11.75 | 124.9046 | 62.45232 | 229.2 | 24.98093 | 12.49 | 45.84 |
| | AS24 | 1 | 21.45 | 12.11 | 164.5925 | 82.29627 | 302.0273 | 32.91851 | 16.46 | 60.4054 |
| | AS17 | 1 | 19.48 | 13.12 | 127.3562 | 63.67812 | 233.6987 | 25.47125 | 12.74 | 46.7397 |
| **Average** | | | | | 210.624603 | 105.312301 | 386.496156 | 42.1249218 | 21.84 | 80.148 |

| | | | | | | | | | | |
|---|---|---|---|---|---|---|---|---|---|---|
| VI | AS21 | 11 | 12.78 | 8.08 | 38.98984 | 19.49492 | 71.54637 | 7.797969 | 3.70 | 14.309 |
| | AS23 | 18 | 10.34 | 9.02 | 21.50317 | 10.75159 | 39.45833 | 4.300635 | 2.15 | 7.8916 |
| | AS15 | 40 | 25.46 | 13.00 | 256.1886 | 128.0943 | 470.106 | 51.23771 | 25.62 | 94.021 |
| | AS33 | 9 | 15.45 | 10.87 | 67.11468 | 33.55734 | 123.1554 | 13.42294 | 6.71 | 24.631 |
| | AS49 | 15 | 13.43 | 10.64 | 44.97158 | 22.48579 | 82.52285 | 8.994316 | 4.50 | 16.504 |
| | AS1 | 15 | 19.57 | 14.76 | 128.9459 | 64.47295 | 236.6157 | 25.78918 | 12.70 | 47.323 |
| | AS2 | 6 | 23.21 | 13.75 | 202.185 | 101.0925 | 371.0095 | 40.43701 | 20.22 | 74.201 |
| | AS3 | 10 | 16.35 | 11.29 | 78.71201 | 39.35601 | 144.4365 | 15.7424 | 7.87 | 28.887 |
| | AS28 | 9 | 19.86 | 14.27 | 134.1408 | 67.07038 | 246.1483 | 26.82815 | 13.41 | 49.229 |
| | AS26 | 3 | 25 | 15.00 | 244.6053 | 122.3027 | 448.8507 | 48.92106 | 24.46 | 89.770 |
| | AS29 | 20 | 26.7 | 15.09 | 288.802 | 144.401 | 529.9516 | 57.76039 | 28.88 | 105.99 |
| | AS5 | 29 | 31 | 17.08 | 417.5931 | 208.7966 | 766.2833 | 83.51862 | 41.76 | 153.25 |
| | AS12 | 2 | 14.3 | 9.77 | 53.84923 | 26.92462 | 98.81334 | 10.76985 | 5.39 | 19.762 |
| | AS14 | 29 | 19.58 | 14.00 | 129.1232 | 64.5616 | 236.9411 | 25.82464 | 12.91 | 47.388 |
| | AS8 | 1 | 27.34 | 15.66 | 306.4275 | 153.2137 | 562.2944 | 61.28549 | 30.64 | 112.45 |
| | AS35 | 6 | 12.76 | 10.91 | 38.81462 | 19.40731 | 71.22483 | 7.762924 | 3.88 | 14.244 |
| | AS36 | 67 | 23.76 | 14.55 | 214.7698 | 107.3849 | 394.1026 | 42.95397 | 21.48 | 78.820 |
| | AS40 | 8 | 14.65 | 12.50 | 57.70205 | 28.85103 | 105.8833 | 11.54041 | 5.77 | 21.176 |
| | AS25 | 1 | 24.67 | 3.10 | 236.4673 | 118.2337 | 433.9176 | 47.29347 | 23.65 | 86.783 |
| | AS51 | 1 | 16.46 | 23.51 | 80.20267 | 40.10133 | 147.1719 | 16.04053 | 8.02 | 29.434 |
| | AS27 | 6 | 37.67 | 16.50 | 665.5808 | 332.7904 | 1221.341 | 133.1162 | 66.56 | 244.26 |
| | AS31 | 27 | 32 | 23.00 | 451.0367 | 225.5184 | 827.6523 | 90.20734 | 45.10 | 165.53 |
| | AS6 | 1 | 14.39 | 13.11 | 54.82454 | 27.41227 | 100.603 | 10.96491 | 5.48 | 20.120 |
| | AS46 | 2 | 14 | 6.82 | 50.6753 | 25.33765 | 92.98918 | 10.13506 | 5.07 | 18.597 |
| | AS42 | 28 | 23.8 | 6.50 | 215.7006 | 107.8503 | 395.8107 | 43.14013 | 21.57 | 79.162 |
| | AS11 | 1 | 12 | 5.00 | 32.5467 | 16.27335 | 59.72319 | 6.50934 | 3.25 | 11.944 |
| | AS48 | 7 | 15 | 15.15 | 61.7163 | 30.85815 | 113.2494 | 12.34326 | 6.17 | 22.649 |
| | AS18 | 15 | 16.07 | 13.13 | 74.98957 | 37.49478 | 137.6059 | 14.99791 | 7.50 | 27.521 |
| | AS43 | 3 | 13.23 | 7.50 | 43.07174 | 21.53587 | 79.03665 | 8.614349 | 4.31 | 15.807 |
| | AS37 | 2 | 18.79 | 15.00 | 115.5234 | 57.76171 | 211.9855 | 23.10469 | 11.55 | 42.397 |
| | AS9 | 7 | 6.32 | 10.12 | 9.804275 | 4.902138 | 17.99085 | 1.960855 | 0.98 | 3.5981 |
| **Average** | | | | | 152.630804 | 76.3154068 | 280.077531 | 30.5261624 | 15.26 | 56.015 |

| | | | | | | | | | | | |
|---|---|---|---|---|---|---|---|---|---|---|---|
| **VII** | AS21 | 188 9 | 12.32 | 17.75 | 35.09305 | 17.54653 | 64.39575 | 7.01861 | 3.51 | 12.879 |
| | AS22 | 20 | 17.45 | 17.25 | 94.3361 | 47.16805 | 173.1067 | 18.86722 | 9.43 | 34.621 |
| | AS33 | 18 | 13.29 | 20.11 | 43.63616 | 21.81808 | 80.07235 | 8.727232 | 4.36 | 16.014 |
| | AS49 | 11 | 19.78 | 11.50 | 132.6966 | 66.34832 | 243.4983 | 26.53933 | 13.27 | 48.699 |
| | AS1 | 42 | 11.12 | 17.00 | 26.24003 | 13.12002 | 48.15046 | 5.248006 | 2.62 | 9.6300 |
| | AS2 | 12 | 13.24 | 14.12 | 43.16548 | 21.58274 | 79.20866 | 8.633097 | 4.32 | 15.841 |
| | AS28 | 19 | 33 | 13.56 | 485.7981 | 242.8991 | 891.4395 | 97.15962 | 48.58 | 178.28 |
| | AS26 | 8 | 23.45 | 11.98 | 207.6276 | 103.8138 | 380.9966 | 41.52551 | 20.76 | 76.199 |
| | AS13 | 8 | 13.87 | 15.21 | 49.33676 | 24.66838 | 90.53296 | 9.867352 | 4.93 | 18.106 |
| | AS12 | 8 | 17.65 | 15.00 | 97.34816 | 48.67408 | 178.6339 | 19.46963 | 9.74 | 35.726 |
| | AS14 | 2 | 15.65 | 19.51 | 69.59962 | 34.79981 | 127.7153 | 13.91992 | 6.96 | 25.543 |
| | AS35 | 3 | 14.34 | 31.32 | 54.28138 | 27.14069 | 99.60634 | 10.85628 | 5.43 | 19.921 |
| | AS40 | 1 | 17.78 | 8.20 | 99.33426 | 49.66713 | 182.2784 | 19.86685 | 9.93 | 36.455 |
| | AS45 | 3 | 16.54 | 7.54 | 81.29679 | 40.6484 | 149.1796 | 16.25936 | 8.13 | 29.835 |
| | AS51 | 1 | 24.21 | 6.00 | 225.363 | 112.6815 | 413.5411 | 45.0726 | 22.54 | 82.708 |
| | AS27 | 5 | 12.34 | 5.50 | 35.25668 | 17.62834 | 64.69601 | 7.051336 | 3.53 | 12.939 |
| | AS31 | 3 | 17.76 | 4.25 | 99.02726 | 49.51363 | 181.715 | 19.80545 | 9.90 | 36.343 |
| | AS7 | 3 | 18.34 | 17.75 | 108.1444 | 54.0722 | 198.445 | 21.62888 | 10.82 | 39.688 |
| **Average** | | | | | 110.421191 | 55.2106 | 202.622885 | 22.0842379 | 11.04 | 40.524 |
| **VIII** | AS21 | 69 | 19.34 | 21.32 | 124.9046 | 62.45232 | 229.2 | 24.98093 | 12.49 | 45.84 |
| | AS23 | 2 | 15.67 | 15.42 | 69.85101 | 34.92551 | 128.1766 | 13.9702 | 6.99 | 25.635 |
| | AS15 | 268 | 18.34 | 4.12 | 108.1444 | 54.0722 | 198.445 | 21.62888 | 10.81 | 39.688 |
| | AS33 | 68 | 12.23 | 12.51 | 34.36325 | 17.18163 | 63.05657 | 6.87265 | 3.44 | 12.611 |
| | AS20 | 1 | 17.1 | 6.60 | 89.19184 | 44.59592 | 163.667 | 17.83837 | 8.92 | 32.733 |
| | AS49 | 32 | 14.54 | 5.22 | 56.47377 | 28.23688 | 103.6294 | 11.29475 | 5.65 | 20.725 |
| | AS1 | 7 | 16.49 | 27.35 | 80.61197 | 40.30599 | 147.923 | 16.12239 | 8.06 | 29.584 |
| | AS2 | 2 | 22.13 | 19.10 | 178.633 | 89.31651 | 327.7916 | 35.7266 | 17.86 | 65.558 |
| | AS4 | 29 | 10.54 | 13.40 | 22.64132 | 11.32066 | 41.54682 | 4.528264 | 2.26 | 8.3093 |
| | AS28 | 6 | 17.98 | 29.15 | 102.4333 | 51.21665 | 187.9651 | 20.48666 | 10.24 | 37.593 |
| | AS13 | 9 | 16.89 | 5.50 | 86.18277 | 43.09138 | 158.1454 | 17.23655 | 8.62 | 31.629 |
| | AS5 | 13 | 17.85 | 9.46 | 100.4129 | 50.20647 | 184.2577 | 20.08259 | 10.04 | 36.851 |

| | | | | | | | | | | |
|---|---|---|---|---|---|---|---|---|---|---|
| | AS12 | 48 | 13.32 | 9.54 | 43.92015 | 21.96007 | 80.59347 | 8.784029 | 4.39 | 16.118 |
| | AS36 | 2 | 24.54 | 25.22 | 233.3009 | 116.6504 | 428.1071 | 46.66018 | 23.33 | 85.621 |
| | AS7 | 2 | 9.34 | 21.32 | 16.60312 | 8.301561 | 30.46673 | 3.320625 | 1.66 | 6.0933 |
| | AS52 | 2 | 20.38 | 11.42 | 143.7332 | 71.86661 | 263.7505 | 28.74665 | 14.37 | 52.750 |
| | AS44 | 35 | 13.2 | 4.97 | 42.79132 | 21.39566 | 78.52206 | 8.558263 | 4.28 | 15.704 |
| | AS6 | 2 | 10.23 | 12.42 | 20.89966 | 10.44983 | 38.35088 | 4.179933 | 2.09 | 7.6701 |
| **Average** | | | | | 86.3940267 | 43.1970139 | 158.533052 | 17.2788063 | 8.64 | 31.706 |
| **IX** | AS21 | 15 | 23.98 | 25.31 | 219.9154 | 109.9577 | 403.5447 | 43.98307 | 21.99 | 80.708 |
| | AS23 | 8 | 11.9 | 10.34 | 31.77864 | 15.88932 | 58.3138 | 6.355728 | 3.18 | 11.662 |
| | AS15 | 242 | 9.89 | 12.00 | 19.13507 | 9.567537 | 35.11286 | 3.827015 | 1.91 | 7.0225 |
| | AS33 | 38 | 10.34 | 6.75 | 21.50317 | 10.75159 | 39.45833 | 4.300635 | 2.15 | 7.8916 |
| | AS49 | 5 | 17.35 | 5.62 | 92.84984 | 46.42492 | 170.3795 | 18.56997 | 9.29 | 34.075 |
| | AS1 | 9 | 16.56 | 26.25 | 81.57164 | 40.78582 | 149.684 | 16.31433 | 8.16 | 29.936 |
| | AS2 | 38 | 12.34 | 10.25 | 35.25668 | 17.62834 | 64.69601 | 7.051336 | 3.53 | 12.939 |
| | AS28 | 15 | 18 | 8.23 | 102.7461 | 51.37305 | 188.5391 | 20.54922 | 10.28 | 37.707 |
| | AS19 | 2 | 19.56 | 11.25 | 128.7687 | 64.38437 | 236.2907 | 25.75375 | 12.88 | 47.258 |
| | AS26 | 1 | 17.48 | 12.50 | 94.78455 | 47.39228 | 173.9297 | 18.95691 | 9.48 | 34.785 |
| | AS5 | 4 | 14.64 | 17.25 | 57.58973 | 28.79486 | 105.6772 | 11.51795 | 5.76 | 21.135 |
| | AS12 | 2 | 19.76 | 31.25 | 132.3369 | 66.16846 | 242.8382 | 26.46738 | 13.24 | 48.567 |
| | AS8 | 1 | 15.67 | 7.00 | 69.85101 | 34.92551 | 128.1766 | 13.9702 | 6.99 | 25.635 |
| | AS35 | 2 | 23 | 6.25 | 197.4851 | 98.74255 | 362.3852 | 39.49702 | 19.75 | 72.477 |
| | AS36 | 1 | 28.98 | 29.23 | 354.0566 | 177.0283 | 649.6938 | 70.81132 | 35.41 | 129.93 |
| | AS3 | 1 | 24 | 7.75 | 220.3863 | 110.1932 | 404.4089 | 44.07726 | 22.04 | 80.881 |
| | AS50 | 1 | 12.34 | 11.22 | 35.25668 | 17.62834 | 64.69601 | 7.051336 | 3.53 | 12.939 |
| | AS39 | 3 | 18.67 | 6.25 | 113.5296 | 56.7648 | 208.3268 | 22.70592 | 11.35 | 41.665 |
| **Average** | | | | | 119.930627 | 59.9653183 | 220.072716 | 23.9861258 | 11.99 | 44.014 |
| **X** | AS21 | 299 | 10.23 | 5.02 | 20.89966 | 10.44983 | 38.35088 | 4.179933 | 2.08 | 7.6701 |
| | AS22 | 10 | 13.43 | 8.03 | 44.97158 | 22.48579 | 82.52285 | 8.994316 | 4.50 | 16.504 |
| | AS15 | 398 | 9.94 | 8.44 | 19.38502 | 9.692509 | 35.57151 | 3.877004 | 1.94 | 7.1143 |
| | AS33 | 20 | 8.75 | 8.00 | 14.33021 | 7.165103 | 26.29593 | 2.866041 | 1.43 | 5.2591 |
| | AS2 | 14 | 9.45 | 7.93 | 17.07762 | 8.538811 | 31.33744 | 3.415524 | 1.71 | 6.2674 |
| | AS28 | 1 | 25.4 | 19.65 | 254.6619 | 127.3309 | 467.3046 | 50.93238 | 25.47 | 93.460 |

| | | | | | | | | | | |
|---|---|---|---|---|---|---|---|---|---|---|
| | AS5 | 37 | 7.63 | 4.97 | 11.27744 | 5.638721 | 20.69411 | 2.255488 | 1.13 | 4.1388 |
| | AS8 | 1 | 16.35 | 17.98 | 78.71201 | 39.35601 | 144.4365 | 15.7424 | 7.87 | 28.887 |
| | AS36 | 1 | 35.01 | 25.97 | 559.6549 | 279.8275 | 1026.967 | 111.931 | 55.97 | 205.39 |
| | AS25 | 1 | 18.49 | 15.39 | 110.5744 | 55.28721 | 202.9041 | 22.11488 | 11.06 | 40.580 |
| **Average** | | | | | 113.154474 | 56.5772384 | 207.638492 | 30.3466135 | 11.32 | 41.527 |

**Apêndice: 5.** Dados da estimativa do stock de carbono da folhada

| Plot Nº | Lab Nº | Field code | wet wt(g) | fresh wt (g) | oven dry wt (g) | % O.C ton/ha | LB | LC | CO ton/ha |
|---|---|---|---|---|---|---|---|---|---|
| 1 | J-SW -0053/2013 | A1S1 | 250 | 100 | 82.42 | 54.15 | 0.020605 | 1.11576075 | 4.0948 |
| 2 | J-SW -0054/2013 | A1S2 | 120 | 100 | 84.26 | 53.36 | 0.0101112 | 0.53953363 | 1.9800 |
| 3 | J-SW -0055/2013 | A1S3 | 250 | 100 | 88.97 | 52.35 | 0.0222425 | 1.16439488 | 4.2733 |
| 4 | J-SW -0056/2013 | A1S4 | 150 | 100 | 91.24 | 48.67 | 0.013686 | 0.66609762 | 2.4445 |
| 5 | J-SW -0057/2013 | A1S5 | 200 | 100 | 91.98 | 50.70 | 0.018396 | 0.9326772 | 3.4229 |
| 6 | J-SW -0058/2013 | A1S6 | 250 | 100 | 90.46 | 47.59 | 0.022615 | 1.07624785 | 3.9498 |
| 7 | J-SW -0059/2013 | A1S7 | 170 | 100 | 91.89 | 50.90 | 0.0156213 | 0.79512417 | 2.9181 |
| 8 | J-SW -0060/2013 | A2S1 | 250 | 100 | 82.41 | 41.39 | 0.0206025 | 0.85273748 | 3.1295 |
| 9 | J-SW -0061/2013 | A2S2 | 350 | 100 | 88.21 | 43.88 | 0.0308735 | 1.35472918 | 4.9718 |
| 10 | J-SW -0062/2013 | A2S3 | 240 | 100 | 81.47 | 43.13 | 0.0195528 | 0.84331226 | 3.0949 |
| 11 | J-SW -0063/2013 | A2S4 | 150 | 100 | 85.34 | 50.41 | 0.012801 | 0.64529841 | 2.3682 |
| 12 | J-SW -0064/2013 | A2S5 | 100 | 100 | 89.24 | 47.13 | 0.008924 | 0.42058812 | 1.5435 |
| 13 | J-SW -0065/2013 | A2S6 | 175 | 100 | 91.24 | 51.39 | 0.015967 | 0.82054413 | 3.0113 |
| 14 | J-SW -0066/2013 | A3S1 | 150 | 100 | 94.78 | 48.09 | 0.014217 | 0.68369553 | 2.5091 |
| 15 | J-SW -0067/2013 | A3S2 | 350 | 100 | 91.47 | 51.60 | 0.0320145 | 1.6519482 | 6.0626 |
| 16 | J-SW -0068/2013 | A3S3 | 250 | 100 | 87.64 | 45.71 | 0.02191 | 1.0015061 | 3.6755 |
| 17 | J-SW -0069/2013 | A3S4 | 100 | 100 | 81.47 | 49.07 | 0.008147 | 0.39977329 | 1.4671 |
| 18 | J-SW -0070/2013 | A3S5 | 220 | 100 | 89.37 | 49.39 | 0.0196614 | 0.97107655 | 3.5638 |
| 19 | J-SW -0071/2013 | A3S6 | 245 | 100 | 96.17 | 51.19 | 0.02356165 | 1.20612086 | 4.4264 |
| 20 | J-SW -0072/2013 | A4S1 | 210 | 100 | 98.46 | 47.62 | 0.0206766 | 0.98461969 | 3.6135 |
| 21 | J-SW -0073/2013 | A4S2 | 320 | 100 | 91.25 | 39.62 | 0.0292 | 1.156904 | 4.2458 |
| 22 | J-SW -0074/2013 | A4S3 | 120 | 100 | 90.77 | 52.78 | 0.0108924 | 0.57490087 | 2.1098 |

| Plot № | Lab № | Field code | wet wt(g) | fresh wt (g) | oven dry wt (g) | % O.C ton/ha | LB | LC | CO ton/ha |
|---|---|---|---|---|---|---|---|---|---|
| 23 | J-SW -0075/2013 | A4S4 | 450 | 100 | 91.59 | 49.19 | 0.0412155 | 2.02739045 | 7.4405 |
| 24 | J-SW -0076/2013 | A4S5 | 285 | 100 | 91.48 | 46.55 | 0.0260718 | 1.21364229 | 4.4540 |
| 25 | J-SW -0077/2013 | A4S6 | 235 | 100 | 91.48 | 48.69 | 0.0214978 | 1.04672788 | 3.8414 |
| 26 | J-SW -0078/2013 | A4S7 | 150 | 100 | 89.23 | 39.97 | 0.0133845 | 0.53497847 | 1.9633 |
| 27 | J-SW -0079/2013 | A5S1 | 200 | 100 | 88.98 | 52.90 | 0.017796 | 0.9414084 | 3.4549 |
| 28 | J-SW -0080/2013 | A5S2 | 115 | 100 | 91.45 | 48.81 | 0.01051675 | 0.51332257 | 1.8838 |
| 29 | J-SW -0081/2013 | A5S3 | 250 | 100 | 90.15 | 49.39 | 0.0225375 | 1.11312713 | 4.0851 |
| 30 | J-SW -0082/2013 | A5S4 | 175 | 100 | 91.15 | 50.96 | 0.01595125 | 0.8128757 | 2.9832 |
| 31 | J-SW -0083/2013 | A5S5 | 220 | 100 | 90.98 | 40.86 | 0.0200156 | 0.81783742 | 3.0014 |
| 32 | J-SW -0084/2013 | A5S6 | 240 | 100 | 85.47 | 51.91 | 0.0205128 | 1.06481945 | 3.9078 |
| 33 | J-SW -0085/2013 | A6S1 | 200 | 100 | 81.76 | 45.19 | 0.016352 | 0.73894688 | 2.7119 |
| 34 | J-SW -0086/2013 | A6S2 | 180 | 100 | 82.45 | 51.65 | 0.014841 | 0.76653765 | 2.8131 |
| 35 | J-SW -0087/2013 | A6S3 | 230 | 100 | 81.47 | 52.15 | 0.0187381 | 0.97719192 | 3.5862 |
| 36 | J-SW -0088/2013 | A6S4 | 190 | 100 | 90.75 | 45.36 | 0.0172425 | 0.7821198 | 2.8703 |
| 37 | J-SW -0089/2013 | A6S5 | 210 | 100 | 89.14 | 49.33 | 0.0187194 | 0.923428 | 3.3889 |
| 38 | J-SW -0090/2013 | A6S6 | 150 | 100 | 88.14 | 52.70 | 0.013221 | 0.6967467 | 2.5570 |
| 39 | J-SW -0091/2013 | A6S7 | 220 | 100 | 80.12 | 50.06 | 0.0176264 | 0.88237758 | 3.2383 |
| 40 | J-SW -0092/2013 | A7S1 | 220 | 100 | 87.73 | 45.04 | 0.0193006 | 0.86929902 | 3.1903 |
| 41 | J-SW -0093/2013 | A7S2 | 200 | 100 | 90.78 | 41.21 | 0.018156 | 0.74820876 | 2.7459 |
| 42 | J-SW -0094/2013 | A7S3 | 190 | 100 | 96.25 | 46.11 | 0.0182875 | 0.84323663 | 3.0946 |
| 43 | J-SW -0095/2013 | A7S4 | 180 | 100 | 91.48 | 51.25 | 0.0164664 | 0.843903 | 3.0971 |
| 44 | J-SW -0096/2013 | A7S5 | 150 | 100 | 80.47 | 41.36 | 0.0120705 | 0.49923588 | 1.8321 |
| 45 | J-SW -0097/2013 | A7S6 | 220 | 100 | 81.47 | 50.58 | 0.0179234 | 0.90656557 | 3.3270 |
| 46 | J-SW -0098/2013 | A8S1 | 230 | 100 | 90.25 | 48.84 | 0.0207575 | 1.0137963 | 3.7206 |
| 47 | J-SW -0099/2013 | A8S2 | 200 | 100 | 87.26 | 48.11 | 0.017452 | 0.83961572 | 3.0813 |
| 48 | J-SW -00100/2013 | A8S3 | 200 | 100 | 96.45 | 50.99 | 0.01929 | 0.9835971 | 3.6098 |
| 49 | J-SW -00101/2013 | A8S4 | 100 | 100 | 80.14 | 51.54 | 0.008014 | 0.41304156 | 1.5158 |
| 50 | J-SW -00102/2013 | A8S4 | 220 | 100 | 83.24 | 52.26 | 0.0183128 | 0.95702693 | 3.5122 |
| 51 | J-SW -00103/2013 | A8S5 | 160 | 100 | 90.57 | 53.25 | 0.0144912 | 0.7716564 | 2.8319 |
| 52 | J-SW -00104/2013 | A9S1 | 330 | 100 | 80.65 | 47.91 | 0.0266145 | 1.2751007 | 4.6796 |
| 53 | J-SW -00105/2013 | A9S2 | 310 | 100 | 85.24 | 51.91 | 0.0264244 | 1.3716906 | 5.0341 |

| Plot Nº | Lab Nº | Field code | wet wt(g) | fresh wt (g) | oven dry wt (g) | % O.C ton/ha | LB | LC | CO ton/ha |
|---|---|---|---|---|---|---|---|---|---|
| 54 | J-SW -00106/2013 | A9S3 | 350 | 100 | 88.88 | 52.76 | 0.031108 | 1.64125808 | 6.0234 |
| 55 | J-SW -00107/2013 | A9S4 | 200 | 100 | 79.36 | 52.76 | 0.015872 | 0.83740672 | 3.0732 |
| 56 | J-SW -00108/2013 | A9S5 | 140 | 100 | 84.23 | 49.91 | 0.0117922 | 0.5885487 | 2.1599 |
| 57 | J-SW -00109/2013 | A9S6 | 120 | 100 | 85.23 | 50.67 | 0.0102276 | 0.51823249 | 1.9019 |
| 58 | J-SW -00110/2013 | A9S7 | 150 | 100 | 82.46 | 51.06 | 0.012369 | 0.63156114 | 2.3178 |
| 59 | J-SW -00111/2013 | A10S1 | 250 | 100 | 89.34 | 46.19 | 0.022335 | 1.03165365 | 3.7861 |
| 60 | J-SW -00112/2013 | A10S2 | 200 | 100 | 91.25 | 50.65 | 0.01825 | 0.9243625 | 3.3924 |
| 61 | J-SW -00113/2013 | A10S3 | 190 | 100 | 91.45 | 51.15 | 0.0173755 | 0.88875683 | 3.2617 |
| 62 | J-SW -00114/2013 | A10S4 | 200 | 100 | 91.42 | 48.36 | 0.018284 | 0.88421424 | 3.2450 |
| 63 | J-SW -00115/2013 | A10S5 | 180 | 100 | 85.47 | 49.19 | 0.0153846 | 0.75676847 | 2.7773 |
| 64 | J-SW -00116/2013 | A10S6 | 150 | 100 | 90.14 | 50.65 | 0.013521 | 0.68483865 | 2.5133 |
| 65 | J-SW -00117/2013 | A10S7 | 170 | 100 | 81.45 | 50.15 | 0.0138465 | 0.69440198 | 2.5484 |
| Average | | | | | | | **0.0183453** | **0.89429303** | **3.2820** |

**Apêndice: 6.** Estimativa do stock de carbono no solo

| Plot Nº | Lab Nº | Field code | volume | Soil depth (cm) | Bulk density (g/cm | % of Organic Carbon | SOC (ton/ha) | CO2Ton/ha |
|---|---|---|---|---|---|---|---|---|
| 1 | J-ES -0071/2013 | A1S1 | 98.125 | 30 | 1.14 | 3.59 | 122.778 | 450.59526 |
| 2 | J-ES -0072/2013 | A1S2 | 98.125 | 30 | 1.15 | 3.71 | 127.995 | 469.74165 |
| 3 | J-ES -0073/2013 | A1S3 | 98.125 | 30 | 1.16 | 3.66 | 127.368 | 467.44056 |
| 4 | J-ES -0074/2013 | A1S4 | 98.125 | 30 | 1.04 | 3.42 | 106.704 | 391.60368 |
| 5 | J-ES -0075/2013 | A1S5 | 98.125 | 30 | 1.15 | 3.68 | 126.96 | 465.9432 |
| 6 | J-ES -0076/2013 | A1S6 | 98.125 | 30 | 1.21 | 2.11 | 76.593 | 281.09631 |
| 7 | J-ES -0077/2013 | A1S7 | 98.125 | 30 | 1.12 | 3.91 | 131.376 | 482.14992 |
| 8 | J-ES -0078/2013 | A2S1 | 98.125 | 30 | 1.11 | 3.95 | 131.535 | 482.73345 |
| 9 | J-ES -0079/2013 | A2S2 | 98.125 | 30 | 1.14 | 3.76 | 128.592 | 471.93264 |
| 10 | J-ES -0080/2013 | A2S3 | 98.125 | 30 | 1.11 | 3.54 | 117.882 | 432.62694 |
| 11 | J-ES -0081/2013 | A2S4 | 98.125 | 30 | 1.16 | 3.72 | 129.456 | 475.10352 |
| 12 | J-ES -0082/2013 | A2S5 | 98.125 | 30 | 1.17 | 1.87 | 65.637 | 240.88779 |

| Plot № | Lab № | Field code | volume | Soil depth (cm) | Bulk density (g/cm | % of Organic Carbon | SOC (ton/ha) | CO2Ton/ha |
|---|---|---|---|---|---|---|---|---|
| 13 | J-ES -0083/2013 | A2S6 | 98.125 | 30 | 0.96 | 5.17 | 148.896 | 546.44832 |
| 14 | J-ES -0084/2013 | A3S1 | 98.125 | 30 | 1.01 | 5.26 | 159.378 | 584.91726 |
| 15 | J-ES -0085/2013 | A3S2 | 98.125 | 30 | 1.01 | 5.10 | 154.53 | 567.1251 |
| 16 | J-ES -0086/2013 | A3S3 | 98.125 | 30 | 1.02 | 5.27 | 161.262 | 591.83154 |
| 17 | J-ES -0087/2013 | A3S4 | 98.125 | 30 | 1.05 | 5.05 | 159.075 | 583.80525 |
| 18 | J-ES -0088/2013 | A3S5 | 98.125 | 30 | 1.22 | 1.80 | 65.88 | 241.7796 |
| 19 | J-ES -0089/2013 | A3S6 | 98.125 | 30 | 1.21 | 2.38 | 86.394 | 317.06598 |
| 20 | J-ES -0090/2013 | A4S1 | 98.125 | 30 | 1.08 | 2.96 | 95.904 | 351.96768 |
| 21 | J-ES -0091/2013 | A4S2 | 98.125 | 30 | 1.14 | 3.47 | 118.674 | 435.53358 |
| 22 | J-ES -0092/2013 | A4S3 | 98.125 | 30 | 1.19 | 2.75 | 98.175 | 360.30225 |
| 23 | J-ES -0093/2013 | A4S4 | 98.125 | 30 | 1.16 | 2.78 | 96.744 | 355.05048 |
| 24 | J-ES -0094/2013 | A4S5 | 98.125 | 30 | 1.16 | 1.75 | 60.9 | 223.503 |
| 25 | J-ES -0095/2013 | A4S6 | 98.125 | 30 | 1.17 | 3.37 | 118.287 | 434.11329 |
| 26 | J-ES -0096/2013 | A4S7 | 98.125 | 30 | 1.17 | 3.17 | 111.267 | 408.34989 |
| 27 | J-ES -0097/2013 | A5S1 | 98.125 | 30 | 1.18 | 3.13 | 110.802 | 406.64334 |
| 28 | J-ES -0098/2013 | A5S2 | 98.125 | 30 | 1.19 | 3.19 | 113.883 | 417.95061 |
| 29 | J-ES -0099/2013 | A5S3 | 98.125 | 30 | 1.19 | 3.19 | 113.883 | 417.95061 |
| 30 | J-ES -00100/2013 | A5S4 | 98.125 | 30 | 1.07 | 2.08 | 66.768 | 245.03856 |
| 31 | J-ES -00101/2013 | A5S5 | 98.125 | 30 | 1.07 | 4.27 | 137.067 | 503.03589 |
| 32 | J-ES -00102/2013 | A5S6 | 98.125 | 30 | 1.10 | 3.95 | 130.35 | 478.3845 |
| 33 | J-ES -00103/2013 | A6S1 | 98.125 | 30 | 1.12 | 4.16 | 139.776 | 512.97792 |
| 34 | J-ES -00104/2013 | A6S2 | 98.125 | 30 | 1.14 | 4.06 | 138.852 | 509.58684 |
| 35 | J-ES -00105/2013 | A6S3 | 98.125 | 30 | 1.18 | 3.88 | 137.352 | 504.08184 |
| 36 | J-ES -00106/2013 | A6S4 | 98.125 | 30 | 1.25 | 2.25 | 84.375 | 309.65625 |
| 37 | J-ES -00107/2013 | A6S5 | 98.125 | 30 | 0.95 | 5.76 | 164.16 | 602.4672 |
| 38 | J-ES -00108/2013 | A6S6 | 98.125 | 30 | 1.15 | 3.74 | 129.03 | 473.5401 |
| 39 | J-ES -00109/2013 | A6S7 | 98.125 | 30 | 1.26 | 2.32 | 87.696 | 321.84432 |
| 40 | J-ES -00110/2013 | A7S1 | 98.125 | 30 | 1.20 | 2.36 | 84.96 | 311.8032 |
| 41 | J-ES -00111/2013 | A7S2 | 98.125 | 30 | 1.20 | 2.96 | 106.56 | 391.0752 |
| 42 | J-ES -00112/2013 | A7S3 | 98.125 | 30 | 1.18 | 1.92 | 67.968 | 249.44256 |
| 43 | J-ES -00113/2013 | A7S4 | 98.125 | 30 | 1.22 | 1.87 | 68.442 | 251.18214 |

| Plot Nº | Lab Nº | Field code | volume | Soil depth (cm) | Bulk densit y (g/cm | % of Organic Carbon | SOC (ton/ha) | CO2Ton/ha |
|---|---|---|---|---|---|---|---|---|
| 44 | J-ES -00114/2013 | A7S5 | 98.125 | 30 | 1.13 | 4.02 | 136.278 | 500.14026 |
| 45 | J-ES -00115/2013 | A7S6 | 98.125 | 30 | 1.18 | 2.07 | 73.278 | 268.93026 |
| 46 | J-ES -00116/2013 | A8S1 | 98.125 | 30 | 1.17 | 3.74 | 131.274 | 481.77558 |
| 47 | J-ES -00117/2013 | A8S2 | 98.125 | 30 | 1.13 | 3.70 | 125.43 | 460.3281 |
| 48 | J-ES -00118/2013 | A8S3 | 98.125 | 30 | 1.17 | 3.56 | 124.956 | 458.58852 |
| 49 | J-ES -00119/2013 | A8S4 | 98.125 | 30 | 1.20 | 3.29 | 118.44 | 434.6748 |
| 50 | J-ES -00120/2013 | A8S4 | 98.125 | 30 | 1.19 | 3.70 | 132.09 | 484.7703 |
| 51 | J-ES -00121/2013 | A8S5 | 98.125 | 30 | 1.13 | 2.26 | 76.614 | 281.17338 |
| 52 | J-ES -00122/2013 | A9S1 | 98.125 | 30 | 1.22 | 2.83 | 103.578 | 380.13126 |
| 53 | J-ES -00123/2013 | A9S2 | 98.125 | 30 | 1.23 | 2.74 | 101.106 | 371.05902 |
| 54 | J-ES -00124/2013 | A9S3 | 98.125 | 30 | 1.21 | 2.18 | 79.134 | 290.42178 |
| 55 | J-ES -00125/2013 | A9S4 | 98.125 | 30 | 1.16 | 2.51 | 87.348 | 320.56716 |
| 56 | J-ES -00126/2013 | A9S5 | 98.125 | 30 | 1.24 | 2.46 | 91.512 | 335.84904 |
| 57 | J-ES -00127/2013 | A9S6 | 98.125 | 30 | 1.14 | 2.28 | 77.976 | 286.17192 |
| 58 | J-ES -00128/2013 | A9S7 | 98.125 | 30 | 1.04 | 2.24 | 69.888 | 256.48896 |
| 59 | J-ES -00129/2013 | A10S1 | 98.125 | 30 | 1.23 | 2.34 | 86.346 | 316.88982 |
| 60 | J-ES -00130/2013 | A10S2 | 98.125 | 30 | 1.21 | 2.30 | 83.49 | 306.4083 |
| 61 | J-ES -00131/2013 | A10S3 | 98.125 | 30 | 0.95 | 1.87 | 53.295 | 195.59265 |
| 62 | J-ES -00132/2013 | A10S4 | 98.125 | 30 | 1.22 | 4.02 | 147.132 | 539.97444 |
| 63 | J-ES -00133/2013 | A10S5 | 98.125 | 30 | 1.12 | 2.07 | 69.552 | 255.25584 |
| 64 | J-ES -00134/2013 | A10S6 | 98.125 | 30 | 1.20 | 3.74 | 134.64 | 494.1288 |
| 65 | J-ES -00135/2013 | A10S7 | 98.125 | 30 | 1.19 | 1.87 | 66.759 | 245.00553 |
| Average | | | | | 1.14646154 | | 108.927415 | 399.763614 |

**Apêndice:** 7.Resumo da biomassa e do estoque de carbono em cada pool de carbono e estoque de carbono total por parcelas da área de estudo

| Plot Nº | LC | SOC | TOTAL |
|---|---|---|---|
| 1 | 1.115761 | 122.778 | 123.893761 |
| 2 | 0.539534 | 127.995 | 128.534534 |

| Plot No | LC | SOC | TOTAL |
|---|---|---|---|
| 3 | 1.164395 | 127.368 | 128.532395 |
| 4 | 0.666098 | 106.704 | 107.370098 |
| 5 | 0.932677 | 126.96 | 127.892677 |
| 6 | 1.076248 | 76.593 | 77.6692479 |
| 7 | 0.795124 | 131.376 | 132.171124 |
| 8 | 0.852737 | 131.535 | 132.387737 |
| 9 | 1.354729 | 128.592 | 129.946729 |
| 10 | 0.843312 | 117.882 | 118.725312 |
| 11 | 0.645298 | 129.456 | 130.101298 |
| 12 | 0.420588 | 65.637 | 66.0575881 |
| 13 | 0.820544 | 148.896 | 149.716544 |
| 14 | 0.683696 | 159.378 | 160.061696 |
| 15 | 1.651948 | 154.53 | 156.181948 |
| 16 | 1.001506 | 161.262 | 162.263506 |
| 17 | 0.399773 | 159.075 | 159.474773 |
| 18 | 0.971077 | 65.88 | 66.8510766 |
| 19 | 1.206121 | 86.394 | 87.6001209 |
| 20 | 0.98462 | 95.904 | 96.8886197 |
| 21 | 1.156904 | 118.674 | 119.830904 |
| 22 | 0.574901 | 98.175 | 98.7499009 |
| 23 | 2.02739 | 96.744 | 98.7713905 |
| 24 | 1.213642 | 60.9 | 62.1136423 |
| 25 | 1.046728 | 118.287 | 119.333728 |
| 26 | 0.534978 | 111.267 | 111.801978 |
| 27 | 0.941408 | 110.802 | 111.743408 |
| 28 | 0.513323 | 113.883 | 114.396323 |
| 29 | 1.113127 | 113.883 | 114.996127 |
| 30 | 0.812876 | 66.768 | 67.5808757 |
| 31 | 0.817837 | 137.067 | 137.884837 |
| 32 | 1.064819 | 130.35 | 131.414819 |
| 33 | 0.738947 | 139.776 | 140.514947 |

| **Plot No** | **LC** | **SOC** | **TOTAL** |
|---|---|---|---|
| 34 | 0.766538 | 138.852 | 139.618538 |
| 35 | 0.977192 | 137.352 | 138.329192 |
| 36 | 0.78212 | 84.375 | 85.1571198 |
| 37 | 0.923428 | 164.16 | 165.083428 |
| 38 | 0.696747 | 129.03 | 129.726747 |
| 39 | 0.882378 | 87.696 | 88.5783776 |
| 40 | 0.869299 | 84.96 | 85.829299 |
| 41 | 0.748209 | 106.56 | 107.308209 |
| 42 | 0.843237 | 67.968 | 68.8112366 |
| 43 | 0.843903 | 68.442 | 69.285903 |
| 44 | 0.499236 | 136.278 | 136.777236 |
| 45 | 0.906566 | 73.278 | 74.1845656 |
| 46 | 1.013796 | 131.274 | 132.287796 |
| 47 | 0.839616 | 125.43 | 126.269616 |
| 48 | 0.983597 | 124.956 | 125.939597 |
| 49 | 0.413042 | 118.44 | 118.853042 |
| 50 | 0.957027 | 132.09 | 133.047027 |
| 51 | 0.771656 | 76.614 | 77.3856564 |
| 52 | 1.275101 | 103.578 | 104.853101 |
| 53 | 1.371691 | 101.106 | 102.477691 |
| 54 | 1.641258 | 79.134 | 80.7752581 |
| 55 | 0.837407 | 87.348 | 88.1854067 |
| 56 | 0.588549 | 91.512 | 92.1005487 |
| 57 | 0.518232 | 77.976 | 78.4942325 |
| 58 | 0.631561 | 69.888 | 70.5195611 |
| 59 | 1.031654 | 86.346 | 87.3776537 |
| 60 | 0.924363 | 83.49 | 84.4143625 |
| 61 | 0.888757 | 53.295 | 54.1837568 |
| 62 | 0.884214 | 147.132 | 148.016214 |
| 63 | 0.756768 | 69.552 | 70.3087685 |
| 64 | 0.684839 | 134.64 | 135.324839 |
| 65 | 0.694402 | 66.759 | 67.453402 |
| Average | | | **109.821708** |

**Apêndice: 8.** Resumo dos stocks de biomassa e carbono na biomassa AG e BG dos locais de estudo

| Study site | AGB | AGC | AGCO | BGB | BGC | BGCO |
|---|---|---|---|---|---|---|
| I | 310.95 | 155.47 | 570.59 | 62.19 | 31.09 | 114.12 |
| II | 366.40 | 183.20 | 672.34 | 73.28 | 26.24 | 134.47 |
| III | 225.73 | 112.87 | 414.21 | 45.15 | 20.14 | 82.84 |
| IV | 206.12 | 103.06 | 378.22 | 41.22 | 20.61 | 75.65 |
| V | 210.62 | 105.31 | 386.50 | 42.12 | 21.84 | 80.15 |
| VI | 152.63 | 76.32 | 280.08 | 30.53 | 15.26 | 56.02 |
| VII | 110.42 | 55.21 | 202.62 | 22.08 | 11.04 | 40.53 |
| VIII | 86.39 | 43.20 | 158.53 | 17.28 | 8.64 | 31.71 |
| IX | 119.93 | 59.97 | 220.07 | 23.99 | 11.99 | 44.02 |
| X | 113.16 | 56.58 | 207.64 | 30.35 | 11.316 | 41.53 |

**Apêndice: 9.** Classe de altitude, intervalo de altitude, número de locais de estudo e variação das reservas de carbono do solo e da folhada morta em diferentes classes de altitude.

| Altitude Class | Altituderange (m.a.s.l) | No of Study site | LC (ton/ha) | SOC (ton/ha) |
|---|---|---|---|---|
| Lower | 2351 - 2407 | 4 | 21.37065 | 2914.05 |
| Middle | 2408– 2504 | 3 | 22.15439 | 2295.696 |
| Higher | 2505-2520 | 3 | 12.39654 | 1610.409 |

**Apêndice: 10.** Aspectos, número de parcelas e variação dos stocks médios de carbono de diferentes reservatórios de carbono em diferentes aspectos.

a) Stocks médios de carbono da folhada e do solo em diferentes aspectos

| *Aspect* | *No of Plots* | *LC (ton/ha)* | *SOC (ton/ha)* | *Total* |
|---|---|---|---|---|
| S | 19 | 0.888325 | 106.1283 | 107.0166 |
| SW | 18 | 0.916049 | 122.0295 | 122.9455 |
| SE | 15 | 0.926755 | 98.4388 | 99.36556 |
| N | 1 | 0.78212 | 84.375 | 85.15712 |
| NW | 4 | 0.869936 | 129.5595 | 130.4294 |
| E | 1 | 0.869299 | 84.96 | 85.8293 |
| NE | 7 | 0.8185 | 100.4511 | 101.2696 |
| W | 0 | 0 | 0 | 0 |

b) Stocks totais de carbono da folhada e do solo em diferentes aspectos

| *Aspect* | *No of Plots* | *LC (ton/ha)* | *SOC (ton/ha)* | *Total* |
|---|---|---|---|---|
| S | 19 | 16.87818 | 2016.438 | 2033.316 |
| SW | 18 | 16.48888 | 2196.531 | 2213.02 |
| SE | 15 | 13.90132 | 1476.582 | 1490.483 |
| N | 1 | 0.78212 | 84.375 | 85.15712 |
| NW | 4 | 3.479744 | 518.238 | 521.7177 |
| E | 1 | 0.869299 | 84.960 | 85.8293 |
| NE | 7 | 5.729498 | 703.158 | 708.8875 |
| W | 0 | 0 | 0 | 0 |

**Apêndice: 11.** ANOVA de uma via

## a. ANOVA de uma via por altitude

| ANOVA | | | | | | |
|---|---|---|---|---|---|---|
| | | Sum of Squares | df | Mean Square | F | Sig. |
| soil organic carbon | Between Groups | 4973.424 | 2 | 2486.712 | 3.045 | .055 |
| | Within Groups | 50629.778 | 62 | 816.609 | | |
| | Total | 55603.203 | 64 | | | |
| litter carbon | Between Groups | .079 | 2 | .040 | .438 | .648 |
| | Within Groups | 5.625 | 62 | .091 | | |
| | Total | 5.704 | 64 | | | |

## b. ANOVA de uma via por aspeto

| ANOVA | | | | | | |
|---|---|---|---|---|---|---|
| | | Sum of Squares | df | Mean Square | F | Sig. |
| soil organic carbon | Between Groups | 8271.913 | 6 | 1378.652 | 1.689 | .140 |
| | Within Groups | 47331.289 | 58 | 816.057 | | |
| | Total | 55603.203 | 64 | | | |
| litter carbon | Between Groups | .081 | 6 | .013 | .139 | .990 |
| | Within Groups | 5.623 | 58 | .097 | | |
| | Total | 5.704 | 64 | | | |

**Apêndice: 12.** Diferentes equações para a estimativa da biomassa recolhidas de diferentes literaturas

**Equation Author Species Rain fall range DBH range**

*Y = 0.139 * DBH*
*Y =10^ (-0.535 + log(BA)) Brown(1997) General Dry < 900 mm rainfall*
*30 cm*
*Y = 0.2035 * DBH2.3196 Brown (unpublished) General 900 to 1500 mm*
*63 cm*
*Y = Ex {-1.996 + 2.32 * Ln(DBH)}** FAO(1997)*
*General Dry transition to moist (rainfall>900 mm) 5 to 40 cm*
*Y = exp{-1.996 + 2.32 x*
*ln(DBH)} FAO (1997) General Dry transition to moist (rainfall > 900*
*mm) 5 to 40*
*cm*
*Y = 10 ^ (-0.535 +*
$log_{10}(\pi \times r^2$
*900 mm) < 30 cm*
*Y = exp{-2.134 + 2.530 x*
*ln(DBH)} FAO (2004 )*
*General Moist (rainfall*
*1500 to 4000*
*mm) < 80 cm*
*Y = 34.4703 - 8.0671*
*DBH + 0.6589 DBH2 Winrock (from*
*Brown et al.,*
*1989) General Dry (rainfall <*
*1500 mm) ≥ 5 cm*
*Y = (0.0899*
$((DBH^2)^{0.9522}$
$x (S^{0.9522}$
*Y =-12.05 + 0.876(BA) Muraliks (2005) General Rainfall 1378 +*
*116.86 mm Not*
*specified*
*ln (DW1) = -2.5202*
*+ 2.14ln (D) +*
*0.4644 * ln (H) Nelson et al.*
*(1999) General Around*
*2000 mm < 25 cm*

**Apêndice: 13.** Procedimento do método walkely-black

1. Pesar 0,5-1g de amostra de solo seco ao ar num erlenmeyer de 500 ml.

2. Adicionar 10 ml de solução 1 N de $K_2Cr_2O_7$ e misturar.

3. De seguida, adicionar 20 ml de $H_2SO_4$ cónico. $H_2SO_4$ e agitar suavemente o balão 2 ou 3 vezes, tendo o cuidado de não retirar a amostra para a superfície do balão.

4. Deixar o frasco repousar durante 30 minutos sobre uma folha de amianto para que a reação se complete. (Aqui, recomenda-se a utilização de um suporte isolante térmico para não perder calor

repentinamente da mistura de reação).

5. Introduzir 200 ml de água no balão para diluir a suspensão. Filtrar, caso se preveja que o ponto final da titulação não será evidente.

6. Adicionar 10 ml de H3PO4 a 85 % ou 0,5 g de NaF e 1-2 ml do indicador de sufocamento de difenilamina de bário e titular a solução com sulfato ferroso de amónio 0,5 N até a cor passar de violeta a azul e a verde brilhante

7. Registar o volume de sulfato ferroso de amónio e efetuar uma titulação em branco (sem solo) de forma semelhante.

**Expressão do resultado**

Calcular a percentagem de carbono orgânico (%OC), utilizando a seguinte equação: Onde :

8. =Volume, em ml, de solução de sulfato ferroso necessário para a titulação do branco

A = Volume em ml de solução de sulfato ferroso necessário para a titulação da amostra

S = Peso da amostra de solo em grama

0,39 = Fator de cálculo

N = Normalidade da solução de sulfato ferroso

mef = Fator de correção da humidade

1,724 = Fator de conversão de % OC para % OM (considerando que 58 % da OM é OC)

***Nota:*** *Neste método, cerca de 77% do C é oxidado pelo dicromato de potássio, pelo que se utiliza um fator de correção de 100/77 = 1,3 na circulação. O valor de 77% é apenas uma aproximação, uma vez que a eficácia da combustão varia com o tipo de matéria orgânica presente.*

**Apêndice: 14.** Método de incineração para a estimativa do carbono da folhada

Após a pesagem de 10 g de solo peneirado num recipiente de incineração, o recipiente de incineração e o solo foram mantidos na estufa a 105oC e secos durante quatro horas. Após arrefecimento, mediu-se cerca de 0,01 g e o recipiente de cinzas e o solo foram mantidos numa mufla a 400oC durante quatro horas. Em seguida, o recipiente de incineração foi retirado da mufla e arrefecido numa atmosfera seca e cerca de 0,01 g foi pesado para determinar a percentagem de matéria orgânica nos solos (Storer, 1984). Por fim, foram calculados a densidade aparente, a matéria orgânica do solo e o carbono orgânico do solo.

**Apêndice:** 15. imagem de satélite da igreja de Dagmawi Kulubi Debre Leul Saint Gebriel

**Apêndice: 16.** Imagem de satélite da igreja de Abune Aregawi

**Apêndice: 17.** Imagem de satélite da igreja de Debre Tsige Saint ureal

**Apêndice: 18.** Imagem de satélite do mosteiro TaekaNegest Bata Mariam

**Apêndice:** 19. imagem de satélite da Igreja de Mekane Kidusan Eyakem Wehana

**Apêndice: 20.** Imagem de satélite da Igreja de S. Estifanos

**Apêndice: 21.** Imagem de satélite da igreja de Sealite Mihiret Saint Marry

**Apêndice: 21.** Imagem de satélite da igreja de São Miguel de Debre tsibah (CMC)

**Apêndice: 22.** Imagem de satélite da igreja de Lamberet St. Kidanemiheret

Apêndice: 23. Imagem de satélite da igreja de Lamberet St. Medhanialem

Printed by Books on Demand GmbH, Norderstedt / Germany